特色蔬菜

松花菜、结球甘蓝

绿色生产技术

贺亚菲　李占省　高广金◎主编

长江出版传媒　湖北科学技术出版社

图书在版编目（CIP）数据

特色蔬菜松花菜、结球甘蓝绿色生产技术／贺亚菲，李占省，高广金主编．—武汉：湖北科学技术出版社，2024.5

ISBN 978-7-5706-3273-2

Ⅰ．①特… Ⅱ．①贺… ②李… ③高… Ⅲ．①甘蓝类蔬菜－蔬菜园艺－无污染技术 Ⅳ．① S635

中国国家版本馆 CIP 数据核字（2024）第 100762 号

特色蔬菜松花菜、结球甘蓝绿色生产技术

TESE SHUCAI SONGHUACAI JIEQIUGANLAN LÜSE SHENGCHAN JISHU

责任编辑：王小芳　袁瑞旌

责任校对：陈横宇　　　　　　　　　　　　　　封面设计：曾雅明

出版发行：湖北科学技术出版社

地　　址：武汉市雄楚大街 268 号（湖北出版文化城 B 座 13—14 层）

电　　话：027-87679468　　　　　　　　　　邮　　编：430070

印　　刷：武汉中科兴业印务有限公司　　　　　邮　　编：430071

700×1000　　　　1/16　　　　　　　　11.75 印张　　　　200 千字

2024 年 5 月第 1 版　　　　　　　　　　　　2024 年 5 月第 1 次印刷

定　　价：49.80 元

《特色蔬菜松花菜、结球甘蓝绿色生产技术》
编 委 会

主　　编：贺亚菲　李占省　高广金

副 主 编：郑青峰　姚少林　廖建桥　王海萍

参编人员：（以姓氏笔画排序）

丁立君	王子为	王血红	王炬林
王宜雄	王俊良	文　聃	向　静
刘兴乐	刘志雄	安燕兵	祁仁健
许良洲	孙　琛	孙东立	苏志忠
李伟兰	李荃玲	李雪晴	杨艳斌
杨致远	何　敏	余成强	沈基火
宋丽君	张　莉	张　超	张世宏
张四仟	张雅娟	陈　源	陈　磊
陈俊杰	范莎莎	明安淮	易礼美
岳　超	周光鹏	赵均均	赵宏恩
胡　淼	姚志新	骆俊婷	高　英
高长斌	郭　俊	姬胜玫	黄　玲
黄平乐	黄树苹	龚　进	符家安
梁聪耀	曾　伟	樊　涛	潘传杰

内 容 简 介

本书是一本指导蔬菜生产者、消费者科学种植和食用特色蔬菜的科普读物。全书分为 6 章，包括蔬菜产业发展概况，松花菜绿色生产技术，结球甘蓝绿色生产技术，松花菜、结球甘蓝病虫害防治技术，松花菜、结球甘蓝采收及商品化处理，发展松花菜、结球甘蓝致富经验实例等内容，书后附有松花菜生产技术规程、结球甘蓝生产技术规程。

该书图文并茂、文字简练、通俗易懂、易学易做，为广大蔬菜生产者提升特色蔬菜种植技术，提高商品质量与生产效益，丰富城乡居民菜篮子与营养保健，提供了新知识、新技能、新选择。可供蔬菜产业系统的大专院校师生、职业农民、市场营销人员以及城乡爱好蔬菜营养保健者学习参考。

前　言

蔬菜产业是国民经济的重要组成部分,社会保障效益和经济生产效益显著。蔬菜是人们日常饮食中必需的营养物质来源之一,能够满足人体必需的氨基酸、维生素、矿物质和纤维素等营养成分。

随着社会科技的进步、经济的发展,人们生活水平日益提高,对蔬菜新品种的类型、营养价值与保健功能等都提出了更高的要求,尤其是对特色蔬菜的需求越来越迫切。

特色蔬菜,又被称为稀有特种蔬菜,是指从国外引进来的蔬菜,其风味独特、营养丰富、适于食疗保健,并且经济价值高、适于净菜上市和精细包装。多为耐寒或半耐寒性蔬菜,生长适应性很广。松花菜和结球甘蓝,是从欧洲、美洲和亚洲的日本等地引进的蔬菜品种,含有蛋白质、碳水化合物、膳食纤维、维生素C、维生素A、维生素E,矿物质如钙、磷、铁等,经常食用,具有养肝明目、促进消化、增强免疫力、美容养颜、补肾填精、补脾和胃等食疗功效。

进入21世纪,现代农业向着社会效益、经济效益和生态效益同步发展,走资源节约、环境友好的发展路子。松花菜和结球甘蓝逐步被蔬菜生产者、城乡居民消费者所认识,通过消费市场的拉动、菜农生产的推动,将成为蔬菜名品、佳品、拳头产品。

为了帮助菜农科学、高效、安全发展特色蔬菜松花菜和结球甘蓝的生产,提升生产效率,增加经济收入,也为了帮助城乡居民选择具有特色、营养、食疗作用的蔬菜产品,提升健康水平,我们特组织农业科技人员、蔬菜生产职业农民和蔬菜收购、加工、贮运公司的经销行家,编写了这本《特色蔬菜松花菜、结球甘蓝绿色生产技术》,以供广大蔬菜科技推广工作者、新型农业蔬菜经营主体及从事蔬菜流通销售人员等参考应用。

本书编写过程中得到了蔬菜专家的大力支持,引用了一些蔬菜专著和论文,在此表示衷心感谢!由于本书内容涉及面广,作者水平有限,加之时间仓促,书中恐有不完善之处,敬请各位读者提出宝贵意见,以利纠正!

编　者

2024 年 3 月

目　　录

第一章　蔬菜产业发展概况 ……………………………………… 1

　第一节　发展蔬菜产业的重要意义 ……………………………… 1

　　一、发展蔬菜产业的社会经济价值 …………………………… 1

　　二、蔬菜对人身体健康的营养价值 …………………………… 2

　第二节　蔬菜产业发展现状 ……………………………………… 6

　　一、全球蔬菜生产情况 ………………………………………… 6

　　二、我国蔬菜产销贸易情况 …………………………………… 11

第二章　松花菜绿色生产技术 …………………………………… 16

　第一节　松花菜的起源与传播 …………………………………… 16

　　一、松花菜的起源 ……………………………………………… 16

　　二、松花菜的传播 ……………………………………………… 17

　第二节　松花菜的生产价值 ……………………………………… 22

　　一、松花菜生产的经济价值 …………………………………… 22

　　二、松花菜的营养保健价值 …………………………………… 23

　　三、社会物质保供的稳定价值 ………………………………… 23

　第三节　松花菜的品种选育与推广 ……………………………… 24

　　一、松花菜育种情况 …………………………………………… 24

　　二、我国松花菜种质资源的研究与利用 ……………………… 25

　　三、松花菜品种类型 …………………………………………… 27

　　四、松花菜的推广品种 ………………………………………… 29

　第四节　松花菜生长发育特性 …………………………………… 36

　　一、松花菜的形态 ……………………………………………… 36

二、花球与花器官的分化与形成 …………………………… 38

三、松花菜生长发育特点及对环境条件的要求 …………… 40

第五节 松花菜栽培技术 ……………………………………… 49

一、松花菜育苗技术 ………………………………………… 49

二、松花菜大田栽培 ………………………………………… 57

第三章 结球甘蓝绿色生产技术 ……………………………… 66

第一节 结球甘蓝的起源与传播 …………………………… 66

一、结球甘蓝的起源 ………………………………………… 66

二、结球甘蓝的传播 ………………………………………… 67

第二节 结球甘蓝的发展概况 ……………………………… 68

一、结球甘蓝生产的经济价值 …………………………… 68

二、结球甘蓝的营养保健价值 …………………………… 75

第三节 结球甘蓝品种选育与推广 ………………………… 77

一、结球甘蓝育种概况 …………………………………… 77

二、结球甘蓝的品种类型 ………………………………… 80

第四节 结球甘蓝生长发育的环境条件 …………………… 85

一、结球甘蓝各生长发育阶段的特点 …………………… 85

二、结球甘蓝对环境条件的要求 ………………………… 90

三、结球甘蓝栽培季节及种植茬口 ……………………… 93

第五节 结球甘蓝的育苗技术 ……………………………… 95

一、结球甘蓝冷床育苗技术 ……………………………… 95

二、结球甘蓝穴盘育苗技术 ……………………………… 96

三、结球甘蓝大棚漂浮育苗技术 ………………………… 98

第六节 结球甘蓝栽培技术 ………………………………… 100

一、结球甘蓝春季栽培技术 ……………………………… 100

二、结球甘蓝夏季栽培技术 ……………………………… 102

三、结球甘蓝秋季栽培技术 ……………………………… 104

四、结球甘蓝冬季栽培技术 ……………………………… 107

第四章 松花菜、结球甘蓝病虫害防治技术 ………… 109

第一节 松花菜、结球甘蓝的病害防治技术 ………… 109

一、松花菜、结球甘蓝主要病害类型 ………… 109

二、综合防治技术 ………… 109

三、松花菜和结球甘蓝主要病害防治技术 ………… 111

第二节 松花菜、结球甘蓝的害虫防治技术 ………… 122

一、松花菜、结球甘蓝主要害虫 ………… 122

二、综合防治技术 ………… 122

三、主要害虫防治技术 ………… 123

第五章 松花菜、结球甘蓝采收及商品化处理 ………… 129

第一节 松花菜和结球甘蓝的采收 ………… 129

一、采收时期 ………… 129

二、采收方法 ………… 130

第二节 松花菜、结球甘蓝采后商品化处理 ………… 130

一、花(叶)球采后整理 ………… 130

二、采后预冷 ………… 131

三、松花菜和结球甘蓝贮藏保鲜 ………… 133

第六章 发展松花菜、结球甘蓝致富经验实例 ………… 140

一、全国松花菜第一大镇——湖北省天门市张港镇 ………… 140

二、湖北省钟祥市旧口镇结球甘蓝迅速发展 ………… 141

三、河北省张家口市沽源县松花菜发展 ………… 143

四、浙江省温州市松花菜驰名全国 ………… 145

五、江苏省徐州市结球甘蓝多熟种植效益高 ………… 146

六、甘肃省兰州市榆中县定远镇松花菜持续发展 ………… 148

七、河南省驻马店市平舆县万金店镇发展越冬松花菜效益高 … 153

八、四川省自贡市荣县鼎新镇松花菜快速发展 ………… 155

九、云南省石屏县哨冲镇结球甘蓝种植经济效益显著 …… 157

附录 ·· 160

　　附录 1　松花菜生产技术规程 ························· 160

　　附录 2　结球甘蓝生产技术规程 ······················· 169

参考文献 ·· 176

第一章　蔬菜产业发展概况

第一节　发展蔬菜产业的重要意义

蔬菜产业已经从昔日的"家庭菜园"逐步发展成为主产区农业农村经济发展的支柱产业，具有较强国际竞争力的优势产业，保供、增收、就业的地位日益突显。

一、发展蔬菜产业的社会经济价值

（一）满足食物需求

蔬菜是人类的基本食物来源之一，提供人体健康所必需的维生素、膳食纤维和矿物质。鲜食为主、需求量大的传统饮食习惯，决定了蔬菜在我国城乡居民膳食结构中具有特殊重要的地位。蔬菜生产在保障城乡居民基本消费需求和提高生活质量方面发挥了重要作用。

（二）增加农民收入

蔬菜商品率高，比较效益高，是种菜农民收入的重要来源。据国家统计局资料，2022年，全国蔬菜播种面积22434千公顷，总产量79997万吨，总产值27995亿元，占农业产值84439亿元的33.2%。另据农业农村部资料，2022年，蔬菜对全国农民人均纯收入贡献3000多元，占农民人均收入的17%左右。

（三）促进城乡居民就业

蔬菜产业属劳动密集型产业，转化了数量众多的城乡劳动力。据不完全统计，2022年，与蔬菜种植相关的劳动力有1亿人左右，与蔬菜加工、贮运、保鲜和销售等相关的劳动力有8000多万人。

（四）平衡农产品国际贸易

加入世界贸易组织后，我国蔬菜比较优势逐步显现，出口增长势头强劲，在平衡农产品国际贸易方面发挥了重要作用。据中国海关统计，2022年，我国出口蔬菜 934 万吨，出口金额 1236222 万美元，出口数量是 2000年的 245 万吨的 3.81 倍。成为我国出口创汇仅次于水产品的第二大农产品。

二、蔬菜对人身体健康的营养价值

蔬菜是人类生活中不能缺少的食物，多吃蔬菜对身体健康有益。

（一）蔬菜的营养

蔬菜的营养物质主要包括矿物质、维生素等，这些物质的含量越高，蔬菜的营养价值也越高。此外，蔬菜中的膳食纤维和水分的含量也是重要的营养品质指标。通常水分含量高、膳食纤维少的蔬菜的鲜嫩度较好，其食用价值也较高。但从保健的角度来看，膳食纤维也是一种必不可少的营养素。蔬菜的营养素不可低估，据联合国粮食及农业组织（FAO）统计，人体必需的维生素 C 的 90%、维生素 A 的 60% 均来自蔬菜，可见蔬菜对人类健康的贡献之巨大。蔬菜中多种植物化学物质是被公认的对人体健康有益的成分，如类胡萝卜素、二丙烯化合物、甲基硫化合物等，许多蔬菜还含有独特的微量元素，对人体具有特殊的保健功效，如西红柿中的番茄红素、洋葱中的前列腺素等。

据估计，现今世界上有 20 多亿人或更多的人因环境污染而引起多种疾病，如何解决因环境污染产生大量氧自由基的问题，日益受到人们关注。解决的有效办法之一，是在食物中增加抗氧化剂，协同清除过多有破坏性的活性氧、活性氮。研究发现，蔬菜中许多维生素、矿物质微量元素以及相关的植物化学物质、酶等都是有效抗氧化剂，所以蔬菜不仅是低糖、低盐、低脂的健康食物，还能有效减轻环境污染对人体的损害，同时蔬菜还可对各种疾病起预防作用。

（二）蔬菜的功效

1. 蔬菜是维生素的重要来源

人体所需要的水溶性维生素，如维生素 C 主要由新鲜蔬菜提供，如果新鲜蔬菜长期摄入不足，人就很容易患维生素 C 缺乏症，即维生素 C 缺乏病（坏血病）。蔬菜中的 β 胡萝卜素在人体内可转化为维生素 A，如果维生素 A 缺乏，许多器官功能就会受到影响，如眼睛的夜视功能下降（夜盲症）、皮肤角化增生、粗糙以及免疫功能下降等。食物中只有蔬菜和水果含有维生素 C、胡萝卜素、维生素 B_1、维生素 B_2 及烟酸、维生素 P 等。维生素 C 能防治坏血病；胡萝卜素是维生素 A 原，维生素 A 可保持视力，防止眼干燥症及夜盲症。番茄中丰富的番茄红素高抗氧化剂能抗氧化，降低心血管疾病；茄子中含有多种生物碱，有降低血脂、杀菌、通便作用；辣椒、甜椒含有丰富的维生素、辣椒多酚等，能增强血凝溶解，有天然阿司匹林之功效。

2. 蔬菜是矿物质的重要来源

蔬菜中含有钙、钾、铁、镁、铜等矿物质。其中钙是骨骼和牙齿发育的主要物质，可以防治佝偻病；钾是维持机体内环境稳态的重要矿物质元素，膳食中足量的钾可提高机体的应激能力，多吃蔬菜对改善细胞代谢、提高体质有帮助；铁和铜能促进血色素的合成，刺激红细胞发育，防止食欲不振、贫血，促进生长发育；矿物质可使蔬菜成为碱性食物，与五谷和肉类等酸性食物中和，具有调整体液酸碱平衡的作用。

3. 蔬菜是纤维素的重要来源

蔬菜中含有丰富的纤维素，纤维素能刺激胃液分泌和促进肠道蠕动，增加食物与消化液的接触面积，有利于肠道益生菌的增殖，有助于人体消化吸收食物，促进代谢废物排出，减少有害物质在肠道内停留时间等，以改善肠道功能，防止便秘。

4. 蔬菜有利于促进人体健康

蔬菜，特别是深色蔬菜，含有大量植物化学物质如多元酚、植物雌激素、硫化物、活性多糖、番茄红素、叶绿素、生物碱等，对促进人体健康，预防某些慢性病如心脑血管疾病、糖尿病、骨质疏松症等有很大的作用。

5. 蔬菜是挥发性芳香油的重要来源

有些蔬菜含有挥发性芳香油,味道特别,如姜、葱、蒜等含有辛辣香气。这种独特的香气有刺激食欲的作用,并可防治某些疾病。

6. 蔬菜有利于提高蛋白质吸收

蔬菜吃得过少的人,不仅各种维生素和微量元素摄取得少,易患营养缺乏症,导致免疫力和健康水平迅速降低,而且还会影响蛋白质的吸收量。如果在吃肉时加吃蔬菜,蛋白质吸收率就会高达 87%,比单纯吃肉类高出 20%。

(三)主要蔬菜种类的营养价值功效

蔬菜是我们饮食中必不可少的部分,富含营养,如矿物质、维生素、膳食纤维等,对我们的健康起着非常重要的作用,不同的蔬菜有着不同的营养价值功效。

(1)花椰菜。含有丰富的维生素 C、维生素 A、钾、钙、镁等,适量食用可以补充人体所需营养,还可以在一定程度上预防便秘、保护眼睛、提高免疫力、辅助改善缺铁性贫血等。

(2)结球甘蓝。含有丰富的维生素和叶酸,具有很好的抗氧化、抗衰老作用,预防巨幼细胞贫血。

(3)西蓝花。含有丰富的抗氧化剂,能增强肝脏的解毒能力,提高机体的免疫能力、抗氧化力。

(4)茼蒿。富含维生素、胡萝卜素,以及多种氨基酸,具有开胃消食、止咳化痰等功效。

(5)蒜薹。富含大量的辣素,能够起到杀菌、预防流感、防止感染和驱虫的功效,可促进消化,保护肝脏。

(6)苦瓜。富含多种维生素、矿物质,能够起到降低血糖、促进食欲、消炎降火的功效。

(7)生菜。富含膳食纤维和维生素,能够消除多余的脂肪,有改善睡眠、减肥瘦身、保护视力等功效。

(8)卷心菜。含有丰富的维生素 C、维生素 E 等人体所需的营养素,具有润肠通便、延缓衰老、抗氧化的功效。

（9）长豆角。富含蛋白质、碳水化合物、维生素 A、维生素 E、钙、磷等营养素，具有健脾利湿、降糖开胃等功效。

（10）空心菜。富含维生素 A、维生素 B、维生素 C 等多种营养素，具有清热解毒、利尿止血、热敷美容等功效。

（11）四季豆。可补充人体所需的蛋白质、铁元素，具有提高人体免疫力、增强食欲、美容养颜的功效。

（12）韭菜。富含硫化物、蛋白质、维生素、钙、铁、锌等多种营养成分，具有温中开胃、增强食欲、润肠通便等功效。

（13）莴笋。含钾量高，莴笋中的钾元素大于钠元素含量，有利于电解质的平衡，有消积下气、补充营养等功效。

（14）丝瓜。富含维生素 C，可用于维生素 C 缺乏病的预防与治疗，具有润肤美白、凉血解毒、活血通络等功效。

（15）青椒。富含维生素 C，含有的辣椒素可刺激唾液分泌，具有促进食欲的功效。

（16）黄瓜。富含维生素 C、水溶性维生素和膳食纤维等营养素，具有清热解毒、健脑安神、降低血糖等功效。

（17）秋葵。富含果胶以及膳食纤维，能够起到润肠通便的作用，还能够起到保护肠道黏膜等作用。

（18）油麦菜。含有丰富的维生素 A、维生素 B 等营养素，具有清热利尿、清肝利胆、辅助减肥的功效。

（19）小白菜。富含维生素和矿物质，能够提供身体所需的营养素，增强免疫力，促进消化。

（20）毛豆。富含植物性蛋白质，含有较高的钾、镁等元素，有缓解疲劳、健脾养胃、缓解便秘的功效。

（21）芥菜。富含维生素 A、维生素 B 等多种营养素，有改善便秘、利肺化痰的功效。

（22）芹菜。热量低，富含蛋白质、铁元素等，能够清热解毒、利尿消肿、平肝解压。

（23）灯笼辣椒。富含维生素 A、维生素 B 等营养素，具有促进代谢、美容养颜、补充营养等功效。

（24）油菜。富含钙、铁等营养素，可提高身体免疫力、降低血脂、宽肠通便等功效。

（25）西红柿。含有丰富的维生素C，被誉为维生素C的仓库。西红柿具有抑制皮肤衰老、减少黑色素生成、淡化色斑、美容养颜等功效。

（26）胡萝卜。含有β胡萝卜素、维生素A、维生素C、膳食纤维、矿物质等，具有增强免疫力、改善贫血、改善视力和预防便秘的作用。

（27）莲藕。富含维生素B，有助于缓解疲劳，促进新陈代谢和消化，改善肤质和补气血的作用。

（28）洋葱。富含蛋白质、多种维生素，具有健胃宽中、理气消食的功效。

（29）土豆。富含维生素A、维生素B、维生素C、维生素E、维生素K和钙、钾等微量元素，有和胃健中、解毒消肿等功效。

（30）白萝卜。富含葡萄糖、蔗糖、维生素等多种营养素，具有清热生津、凉血止血、顺气消食等功效。

（31）山药。富含18种氨基酸、矿物质、蛋白质等多种营养素，具有补脾养胃、生津止渴的功效。

（32）冬瓜。富含膳食纤维和维生素等多种营养素，有解渴消暑、降火去燥等功效。

我国主要蔬菜种类的营养成分见表1-1。

第二节　蔬菜产业发展现状

一、全球蔬菜生产情况

（一）概述

蔬菜这一美味的食材，是我们日常饮食中不可或缺的一部分。它们种类繁多，营养丰富，含有许多对人体有益的物质。据联合国粮食及农业组织的数据，蔬菜为我们提供了人体所需的大部分维生素和矿物质，如90%

表 1-1　全国主要蔬菜的营养成分（100 克含量）

蔬菜	蛋白质/克	脂肪/克	碳水化合物/克	膳食纤维/克	钙/毫克	磷/毫克	铁/毫克	胡萝卜素/毫克	硫胺素/毫克	核黄素/毫克	维生素C/毫克
花椰菜	2.4	0.4	3.0	0.8	18	53	0.7	0.08	0.06	0.08	88
甘蓝	1.6	0.3	2.3	1.0	61	20	9.7	0.42	0.03	0.07	48
番茄	0.7	0.3	2.8	0.4	13	39	0.4	0.58	0.08	0.03	12
茄子	1.1	0.2	3.8	0.8	26	38	0.7	0.09	0.03	0.04	8
青椒	0.9	0.2	3.8	0.8	11	27	0.7	0.36	0.04	0.04	89
黄瓜	0.7	0.2	1.9	0.6	24	30	0.6		0.02	0.05	10
苦瓜	1.0	0.2	2.5	1.1	15	37	0.8	0.03	0.05	0.04	80
冬瓜	0.4	0	1.6	0.5	29	17	0.5			0.01	18
南瓜	0.5	0.1	6.2	0.7	42	10	10	0.50		0.04	1
丝瓜	1.6	0.1	3.1	0.6	26	39	0.9		0.04	0.06	7
豇豆	2.5	0.2	5.3	1.4	67	57	2.2		0.11	0.08	20
菜豆	1.4	0.7	2.3	1.1	55	45	0.8	0.55	0.08	0.11	18
毛豆	21.2	6.3	14.4	2.8	106		10.3	0.26	0.33	0.16	24
扁豆	2.9	0.2	5.9	2.0	87	65	2.5	0.06	0.07	0.08	23
刀豆	2.2	0.1	7.0	1.7	54	26	1.8	0.02	0.19	0.07	19
鲜蚕豆	13.0	0.7	18.1	3.6	61	124		0.09	0.20	0.23	8

续表

蔬菜	蛋白质/克	脂肪/克	碳水化合物/克	膳食纤维/克	钙/毫克	磷/毫克	铁/毫克	胡萝卜素/毫克	硫胺素/毫克	核黄素/毫克	维生素C/毫克
鲜豌豆	11.6	0.7	22.6		32	71	1.8	0.19	0.34	2.6	
黄豆芽	11.3	2.0	7.7	1.0	68	102	0.9	0.03	0.17	0.17	4
绿豆芽	3.2	0.1	3.7	0.7	23	51	1.4	0.04	0.07	0.06	6
大白菜	1.3	0.2	3.4	1.2	76	27	1.6	3.72	0.02	0.08	45
青菜	1.3	0.3	2.3	0.6	93	50	1.6	1.49	0.03	0.08	40
白菜薹	2.0	0.2	1.4	0.9	191	29	2.3	0.34	0.05	0.09	56
雪里蕻	0.9	0.3	4.2	0.4	73	57	0.8			0.26	94
苤蓝	1.6	0	2.4	1.2	49	36	0.8	0.01	0.05	0.04	41
萝卜	0.6	0	3.9	1.0	25	20	0.7		0.01	0.04	25
胡萝卜	0.6	0.3	8.3	0.8	19	29	1.2	1.35	0.04	0.04	12
莴笋	2.2	0.1	1.4	1.0	93	23	2.9	0.37	0.04	0.10	11
莴笋叶	2.1	0.5	1.9	0.6	62	32	1.2	2.24	0.1	0.08	15
芹菜	2.2	0.1	1.4	1.0	93	23	2.6	0.37	0.04	0.10	11
菠菜	1.9	0.2	2.0	1.0	81	27	5.6	3.12	0.13	0.12	43
苋菜	2.0	0.3	6.9	1.0	170	49	2.2	3.77	0.14	0.15	41
冬寒菜	3.1	0.5	3.4	1.3	315	56		8.98	0.13	0.3	55

续表

蔬菜	蛋白质/克	脂肪/克	碳水化合物/克	膳食纤维/克	钙/毫克	磷/毫克	铁/毫克	胡萝卜素/毫克	硫胺素/毫克	核黄素/毫克	维生素C/毫克
牛皮菜	1.3	0.1	1.9	1.0	16	29	3.8	1.88	0.05	0.11	53
雍菜	2.3	0.3	3.9	1.1	147	31	1.6	1.9	0.09	0.17	13
苋菜	3.4	0.3	3.7	1.3	270	52	5.0	2.44	0.04	0.24	80
韭菜	1.6	0.3	3.7	1.4	70	38	2.2	2.81	0.04	0.13	30
韭黄	2.2	0.3	2.7	0.7	10	9	0.5	0.05	0.03	0.05	9
蒜苗	1.2	0.3	0.7	1.8	22	53	1.2	0.2	0.14	0.06	42
大葱	1.3	0.3	4.4	1.0	39	46	1.1	1.98	0.09	0.08	32
小葱	2.2	0.7	4.4	0.7	85	32	0.9			0.18	24
马铃薯	1.9		14.6	0.7	13	63	0.6		0.17	0.05	14
芋	1.8	0.1	19.0	0.7	25	86			0.06		8
姜	1.4	0.7	8.5	1.0	20	45	7.0	0.18	0.01	0.04	4
藕	1.0	0.1	19.8	0.05	19	51	0.5	0.02	0.11	0.04	25
荸荠	1.4	0.3	3.5		24	45	1.1	0.02	0.02	0.02	6
鲜蘑菇	2.9	0.2	2.4	0.6	8	66	1.3		0.11	0.16	4
黑木耳（干）	10.6	0.2	65.5	7.0	357	201	185	0.03	0.15	0.55	
海带（干）	8.2	0.1	56.2	9.8	1177	216	150.0	0.57	0.06	0.36	
紫菜（干）	28.2	0.2	48.5	4.8	343	457	33.2	1.23	0.44	2.07	1

资料来源：汪李平．现代蔬菜栽培学［M］．北京：化学工业出版社，2022.

的人体必需的营养物质以及 60％的必需氨基酸。

此外,蔬菜中营养成分的种类更是丰富,它们不仅美味可口,而且还被公认为健康有益,例如,蔬菜中的抗氧化物质可以有效预防慢性疾病和退行性疾病等多种疾病。这些珍贵的营养成分正在被人们深入研究和利用,为我们的健康保驾护航。

(二)全球蔬菜产量

随着人口数量的不断增长,对蔬菜的需求数量随之增加,因而蔬菜生产数量也不断增加。2017 年全球蔬菜总产量为 11.06 亿吨,2018 年为11.08 亿吨,2019 年为 11.35 亿吨,2020 年为 11.46 亿吨,2021 年为 11.60亿吨,2022 年为 11.73 亿吨(表 1-2)。

表 1-2　2017—2022 年全球蔬菜产量

年份	2017	2018	2019	2020	2021	2022
蔬菜产量/亿吨	11.06	11.08	11.35	11.46	11.60	11.73

资料来源:FAO 统计数据库。

(三)全球大宗蔬菜产量

全球蔬菜品种类型有 200 多种,主要的蔬菜有根菜类(萝卜、胡萝卜)、白菜类(白菜、甘蓝、芥菜)、茄果类(番茄、茄子、辣椒)、葱蒜类(洋葱)、薯芋类(马铃薯、芋头)、瓜类(黄瓜、南瓜、冬瓜)、豆类(豇豆、菜豆、菜用大豆)、绿叶菜类等。

1. 全球松花菜生产数量

2021 年,全球松花菜收获面积 137.8 万公顷,总产量 2584.4 万吨。其中亚洲收获面积 106.6 万公顷,总产量 2069.9 万吨,占全球总产量的80.1％;欧洲收获面积 14.1 万公顷,总产量 237.2 万吨;美洲收获面积13.6 万公顷,总产量 214.6 万吨。

2. 全球结球甘蓝生产数量

2021 年,全球结球甘蓝收获面积 245.1 万公顷,总产量 6585.8 万吨。其中亚洲收获面积 178.4 万公顷,总产量 5610.1 万吨,占全球总产量的85.2％;欧洲收获面积 12.8 万千公顷,总产量 407.4 万吨;美洲收获面积

6.5万公顷,总产量205.7万吨。

3. 全球其他蔬菜生产数量

2021年,全球西红柿生产量18000万吨,茄子5864万吨,辣椒4000万吨;大白菜11500万吨,圆白菜1300万吨;洋葱9500万吨,南瓜2900万吨,菜用豌豆1600万吨,黄瓜780万吨,胡萝卜636万吨,芦笋400万吨。

二、我国蔬菜产销贸易情况

(一)市场供需情况

随着我国经济水平的发展,人们越来越重视蔬菜的摄入,近年来我国蔬菜播种面积持续上升,2022年我国蔬菜播种面积达22434.1千公顷,较2021年增加了448.4千公顷,同比增长了2.04%;我国蔬菜的播种面积持续增长,使得其产量也保持持续增长,2022年我国蔬菜产量达79997.2万吨,较2021年增加了2448.4万吨,同比增长了3.16%。

随着栽培技术的不断提升,我国蔬菜单位面积产量也保持持续提高的趋势,2021年我国蔬菜单位面积产量达35272.4千克/公顷,2022年较2021年仍在增加,2022年我国蔬菜单位面积产量为35351.6千克/公顷,较2021年增加了79.2千克/公顷,同比增长了0.23%(表1-3)。

表1-3　2015—2022年中国蔬菜播种面积及产量统计

年份	播种面积/千公顷	单位面积产量/(千克·公顷[-1])	蔬菜产量/万吨
2015	19613.0	33867.8	66425.1
2016	19553.1	34487.6	67434.2
2017	19981.1	34629.1	69192.9
2018	20438.9	34418.0	70346.7
2019	20862.7	34560.7	72102.6
2020	21485.5	34866.8	74912.9
2021	21985.7	35272.4	77548.8
2022	22434.1	35351.6	79997.2

资料来源:国家统计局。

随着我国经济的发展,我国蔬菜的需求量也在持续增长,2021年我国蔬菜需求量达76693.35万吨,较2020年增加了2755.3万吨,同比增长了3.59%,2022年我国蔬菜需求量达到78172.20万吨,较2021年增加了1478.85万吨,同比增长了1.92%(表1-4)。未来,随着人们生活质量的不断提升,我国蔬菜的需求量仍将持续增长。

表1-4　2017—2022年中国蔬菜需求量统计

年份	需求量/万吨
2017	68292.34
2018	69447.82
2019	71173.88
2020	73938.05
2021	76693.35
2022	78172.20

资料来源:智研咨询整理。

(二) 进出口贸易

我国是全球蔬菜重要的出口国之一,我国蔬菜的出口数量明显大于进口数量,2021年我国进口数量达43.6万吨,较2020年增加了1.4万吨,2022年我国蔬菜进口数量为33.7万吨;2021年我国蔬菜出口数量为899.0万吨,较2020年减少了118.1万吨,2022年我国蔬菜出口数量为934.0万吨(表1-5)。随着我国蔬菜净出口的不断增加,国际市场对我国蔬菜产业的影响不断降低。

表1-5　2015—2022年中国蔬菜进出口数量统计

年份	进口数量/万吨	出口数量/万吨
2015		833.0
2017	24.7	925.0
2018	49.1	948.0
2019	50.2	978.9
2020	42.2	1017.1
2021	43.6	899.0
2022	33.7	934.0

资料来源:中国海关。

2021 年我国蔬菜进口金额达 11.9 亿美元,较 2020 年增加了 2 亿美元,2022 年我国蔬菜进口金额为 9.6 亿美元;2021 年我国蔬菜出口金额为 157.7 亿美元,较 2020 年增长了 8.8 亿美元,2022 年我国蔬菜出口金额为 172.2 亿美元(表 1-6)。

表 1-6　2017—2022 年中国蔬菜进出口金额统计

年份	进口金额/亿美元	出口金额/亿美元
2017	5.5	155.2
2018	8.3	152.4
2019	9.6	155.0
2020	9.9	148.9
2021	11.9	157.7
2022	9.6	172.2

资料来源:中国海关。

从进出口均价来看,我国蔬菜进口均价远高于出口均价,2022 年,我国蔬菜进口均价为 0.285 万美元/吨,出口均价为 0.179 万美元/吨(表 1-7)。

表 1-7　2017—2022 年中国蔬菜进出口均价统计

年份	进口均价/(万美元·吨$^{-1}$)	出口均价/(万美元·吨$^{-1}$)
2017	0.223	0.168
2018	0.169	0.161
2019	0.191	0.158
2020	0.235	0.146
2021	0.273	0.175
2022	0.285	0.179

资料来源:中国海关。

分省(区)来看,2022 年,山东省蔬菜进口金额为 103444.98 万美元,全国排名第一;江苏省蔬菜进口金额为 63039.97 万美元,全国排名第二;福建省蔬菜进口金额为 41384.00 万美元,全国排名第三。2022 年,江苏省出口金额为 48753.53 万美元,全国排名第一;辽宁省出口金额为 22922.24 万美元,全国排名第二;黑龙江省出口金额为 20810.11 万美元,全国排名第三(表 1-8)。

表 1-8　2022 年中国各省(区)蔬菜进出口情况

省份	进口金额/万美元	省份	出口金额/万美元
山东	103444.98	江苏	48753.53
江苏	63039.97	辽宁	22922.24
福建	41384.00	黑龙江	20810.11
安徽	39178.17	河北	18946.12
广东	29472.00	上海	7826.83
广西	20865.43	吉林	7708.17
北京	19874.80	内蒙古	6321.90
云南	14396.28	山西	4324.35
河北	7942.46	天津	2777.40
浙江	7395.11	北京	1817.75

资料来源:中国海关、智研咨询。

从进口来源国来看,2022 年我国主要从泰国、加拿大、缅甸进口蔬菜,进口金额分别为 188473.46 万美元、73623.02 万美元、50143.01 万美元。从出口目的地来看,2022 年我国蔬菜主要出口至中国香港、日本和越南,出口金额分别为 196521.46 万美元、144515.09 万美元和 136779.63 万美元。

(三)蔬菜主产区生产数量

2022 年,蔬菜生产数量第一位的是山东省,蔬菜产量 9045.8 万吨,其次是河南省 7845.3 万吨,第三位的是江苏省 5974.7 万吨,第四位的是河北省 5406.8 万吨,第五位的是四川省 5198.7 万吨(表 1-9)。

表 1-9 2022 年中国各地区蔬菜生产数量

地区	面积/千公顷	产量/万吨	地区	面积/千公顷	产量/万吨
全国	22434.1	79997.2	河南	1782.5	7845.3
河北	838.7	5406.8	湖北	1343.7	4407.9
山西	226.2	1010.3	湖南	1407.3	4356.7
内蒙古	191.8	1012.9	广东	1428.4	3999.1
辽宁	336.0	2055.4	广西	1653.7	4236.5
吉林	138.7	514.8	海南	267.8	605.4
黑龙江	162.8	759.8	重庆	812.0	2272.4
上海	87.5	259.6	四川	1542.3	5198.7
江苏	1471.3	5974.7	贵州	1458.7	3355.7
浙江	670.8	1976.7	云南	1315.0	2857.9
安徽	769.2	2537.7	陕西	551.3	2082.2
福建	627.2	1752.9	甘肃	453.5	1736.6
江西	704.7	1786.9	宁夏	129.4	527.9
山东	1548.5	9045.8	新疆	337.4	1731.9

资料来源:国家统计局农村社会经济调查司.中国农村统计年鉴(2023)[M].北京:中国统计出版社,2023.

第二章　松花菜绿色生产技术

松花菜又称散花菜、有机花菜，是十字花科芸薹属，一、二年生草本，甘蓝类松花菜中的一个类型，因其蕾枝较长，花层较薄，花球充分膨大时形态不紧实，相对于普通花菜呈松散状，故此得名。近几年，松花菜可谓蔬菜界当之无愧的"爆品"，食客喜欢吃它、菜农爱种它、菜商愿意卖它，就连蔬菜种子企业也十分青睐它。

第一节　松花菜的起源与传播

一、松花菜的起源

多数学者认为地中海东部的克里特岛是松花菜类的起源、进化中心，由野生甘蓝经过长期人工选择，形成花茎肥大、颜色各异的木立花椰菜，然后逐渐分化、选择，形成现在的花椰菜类型。

15 世纪在法国南部形成了现在栽培的花椰菜。16—18 世纪，花椰菜传入欧洲北部，在沿海地区形成了二年生类型，在内陆地区形成了一年生类型。花椰菜经过近 500 年的进化，在不同的气候条件及栽培区域形成了各具特色的花椰菜类型。

松花菜是传统作物，相传我国清末时期便有种植。早期花椰菜刚被驯化为蔬菜的时候，花蕾都是松散的，经过不断地人工选育，才培育出了花球洁白紧实的紧花椰菜。有行业内花椰菜育种专家在接受媒体采访时说："如果要细论源流，大致是野生甘蓝—芥蓝—松花菜—紧花椰菜这样一条路径。如今人们又盛行吃松花菜，算是一种古为今用了。"

松花菜的演化中心位于地中海沿岸地区，地中海沿岸是欧洲、非洲和亚洲大陆之间的一块海域（北面是欧洲的法国、意大利和希腊等，南面是非洲的阿尔及利亚、突尼斯、利比亚和埃及等,东面是亚洲的土耳其、叙利亚、黎巴嫩、以色列、巴勒斯坦等)。

二、松花菜的传播

(一)传播途径

据星川清新(1981)编写的《栽培植物的起源与传播》记载,在公元前540年的古希腊,把花椰菜统称为Cyma,到12世纪由叙利亚传入西班牙,同时在土耳其、埃及也开始栽培。1490年热拉亚人将花椰菜从黎巴嫩或塞浦路斯引入意大利,在那不勒斯湾周围地区繁衍。1586年,英国开始种植花椰菜,种子来自塞浦路斯。

1806年,花椰菜由欧洲殖民引入美国;1822年,花椰菜从英国传至印度尼西亚、马来西亚等国。据日本《野菜园艺大事典》记载,日本于明治初期引入花椰菜,一直到第二次世界大战以后,才被迅速普及,成为大众化蔬菜。

多数学者认为,我国的松花菜是在19世纪中期由英国传入我国福建省的厦门,据清代郭苍柏《闽产录异》记载,"近有市番芥蓝者,其花如白鸡冠",随后松花菜经推广在福州、漳州、汕头等地普遍栽培,台湾地区约在80余年前由大陆引进栽培。

20世纪中后期,我国又从美国、欧洲和日本等地引进杂交种一代等优良品种。作为高档细菜,现在福建、云南、广东、江苏、浙江、上海、湖北、甘肃、陕西、河北、山东、海南等省(市、区)均有栽培,主要供应秋冬季市场的需求。

(二)全球松花菜分布

目前,全世界有70多个国家种植松花菜,其中亚洲有21个国家,欧洲有26个国家,美洲有15个国家,非洲有10个国家,大洋洲有2个国家。全世界花椰菜种植面积最大的国家是中国,其次是印度,法国、意大利、英国、西班牙、美国、墨西哥、澳大利亚、巴基斯坦、日本等国家也有较多栽培。

(三)我国松花菜的分布

我国松花菜的种植区域广泛,涵盖了多个省份,包括海河流域、黄河流域、长江流域和东南沿海地区。主要种植区域包括甘肃、陕西、河北、辽宁、山东、河南、湖北、云南、安徽、浙江、上海、福建、广东等地。这些地区根据各自的气候特点,实现了松花菜的生产互补。例如,华北、东北和西北地区可以利用平原和高原的寒冷气候实现4月到11月的松花菜连续生产;长江中下游地区可以在10月到翌年4月连续生产;云贵高原地区则可以利用多样性的小气候实现周年生产,主要生产季节在11月到翌年4月;广东、福建等东南沿海地区11月到翌年3月是松花菜生产的最好季节。

我国种植松花菜比较早的地方,大致在福建漳州、厦门到广东汕头一带,这些地方有很长的栽培历史。松花菜杂交品种,最早来源于我国台湾地区,但是因为"形象丑陋"、产量和耐贮存都不及紧花椰菜,所以在市场上难以推广,松花菜的种植也没能形成规模,长时间都被"外形俊俏"的紧花椰菜所取代。

进入21世纪,随着科技的进步,育种水平的提高,松花菜的品种不断更新换代,现在生产上主要推广的都是松花菜品种。据业内统计,2012年,全国松花菜种植面积在30万亩(1亩≈666.7平方米)左右,占国内花椰菜生产面积的10%左右,广泛又相对集中地分布在华东地区的福建、浙江,华中地区的湖北,西北地区的甘肃兰州,以及华北地区。2023年,全国松花菜的种植面积有160多万亩,主要分布在河北、湖北、浙江、江苏、云南、甘肃、山东等地,基本上已形成松花菜周年供应市场的生产格局(表2-1)。我国各省(区)松花菜主产区域、播种期、上市期、种植面积、主要推广品种见表2-2。

表 2-1　2023 年我国松花菜的主要生产地区

地区	种植面积/万亩	地区	种植面积/万亩
河北	15.5	山东	5.5
浙江	12	四川	5
湖北	11	河南	3.7
江苏	9.5	陕西	3
云南	7	安徽	2.5
甘肃	6.1	山西	0.4

资料来源:相关数据综合整理。

表 2-2　我国各省(区)松花菜主产区域、播种期、上市期、种植面积、主销品种情况

省份	产区	主要播期	上市时间	种植面积/万亩	该播期下的主销品种
湖北	天门、宜昌	6月中旬—7月上旬	9月中旬—10月下旬	1.5	荣华 62、白富美 65、白玉 65
		7月上旬—8月上旬	11月上旬—翌年1月下旬	3.5	松不老 75、白色恋人 80、台系 85、白富美 100
		8月中旬—11月上旬	翌年1月下旬—4月下旬	4	白富美 120、松田 130、松不老 130、台赢 150、白富美 100
		11月下旬—2月上旬	4月下旬—6月中旬	2	白色恋人 80、台松 65、青松 65
江苏	徐州市沛县	6月中旬—7月下旬	9月下旬—12月中旬	3	雪峰 58、松花 75、松花 65、白色恋人 80
		8月中旬—9月中旬	2月下旬—3月中旬	1	松不老 130
		10月中旬—3月中旬	4月上旬—6月中旬	3	松花 80、松花 100、松花 65
	南通市	7月中旬—8月上旬	10月上旬—1月下旬	2	松花 65、松花 95、松花 100
		9月—10月上旬	2月中旬—3月下旬	0.5	松不老 130
浙江	温州市瑞安	8月中旬—8月下旬	12月上旬到1月上旬	5	松花 80
		8月下旬—12月下旬	1月上旬—4月上旬	5	科松 100、长胜 108、松花 95
	杭州市萧山区	7月中旬—8月上旬	10月上旬—1月上旬	1	白色恋人 65、松花 75、雪峰 95、松花 100
		9月上旬—9月下旬	翌年3月上旬—3月下旬	1	越冬 138

省份	产区	主要播期	上市时间	种植面积/万亩	该播期下的主销品种
山东	菏泽市单县、德州、潍坊、临沂	6月中旬—7月下旬	9月下旬—11月下旬	2	雪峰58、松花65、白色恋人80
		10月中旬—2月下旬	4月中旬—6月中旬	2	松花100、白色恋人80、松花65
	聊城市沙镇	6月中旬—6月下旬	9月下旬—10月上旬	0.5	瑞松58
		6月下旬—7月下旬	10月上旬—11月下旬	1	津松75
四川	自贡	7月中旬—8月中旬	10月中旬—12月中旬	1	亚非白色恋人80、雪峰100、鼎新80、鼎新100等
	成都市金堂县	7月中旬—8月下旬	10月中旬—12月中旬	3	亚非白色恋人80、雪峰100、种都高科瑞松65—105天、神良等
		10月中旬—11月中旬	3月上旬—4月中旬	1	
云南	曲靖	3月上旬—10月下旬	6月中旬—3月中旬	4	小米90、松秀80等
		10月下旬—11月下旬	3月中旬—4月中旬	3	松秀100、农欢100、小米100等
甘肃	定西市安定区	3月上旬—3月下旬	6月下旬—7月下旬	0.3	亚非松花100、金鼎小米100、庆农青梗100等
		4月上旬—5月中旬	7月下旬—8月下旬	1	翠玉108、农欢100、白玉108、雪美120、白云120等
		5月下旬—6月上旬	9月上旬—10月上旬	0.3	亚非松花100、金鼎小米100、农欢100、松花王100等
	兰州市榆中县	1月下旬—3月上旬	6月上旬—7月中旬	1	亚非松花100、金鼎小米100、台引90、盛松100等
		3月中旬—4月上旬	7月下旬—8月中旬	0.5	高原松105天、高山宝85、台宝100等

续表

省份	产区	主要播期	上市时间	种植面积/万亩	该播期下的主销品种
甘肃	兰州市榆中县	4月中旬—5月下旬	8月下旬—10月上旬	1	盛松100、庆阳100、农欢100、翠玉108、台宝90等
	兰州市红古区	12月下旬—1月下旬	5月下旬—6月中旬	1	亚非松花100、金鼎小米100、华耐晗松100、金鼎小米105等
		5月中旬—6月上旬	9月中旬—10月中旬	1	松花王100、金鼎小米105、白玉666、金鼎小米100等
陕西	关中	10月下旬—12月下旬	4月中旬—6月上旬	1.5	亚非松花100、亚非白色恋人80、谊禾903、翠玉903、农欢100、白玉矮脚88等
		6月下旬—7月中旬	9月下旬—11月下旬	1.5	亚非白色恋人80、白玉80、王者100、播美100等
山西	晋中市榆次区、太谷区，太原市清徐县	2月上旬—3月上旬	6月下旬—7月上旬	0.2	白色恋人80、高山宝75、矮脚88
		6月上旬—6月下旬	9月下旬—10月下旬	0.2	白色恋人80、高山宝75、矮脚88
河南	焦作市、开封市、漯河市、周口市、驻马店市	10月下旬—11月上旬	3月下旬—4月下旬	1	雪峰100、珍玉松花100、白玉108、高山宝75/85、川岛106
		12月上旬—2月上旬	5月上旬—5月下旬	1.2	白色恋人80、高山宝75、珍玉松花90、川岛白玉系列、新农80
		6月上旬—7月中旬	10月上旬—12月上旬	1.5	白色恋人80、白钰60、白玉70、白玉80、矮脚88等类型
安徽	芜湖市、马鞍山、安庆市	10月上旬—11月上旬	3月下旬—4月上旬	0.3	雪峰95、雪峰100、高山宝75、高山宝85、台松100
		11月上旬—12月上旬	4月下旬—5月上旬	0.5	雪峰95、高山宝75、矮脚88

省份	产区	主要播期	上市时间	种植面积/万亩	该播期下的主销品种
安徽	芜湖市、马鞍山、安庆市	6月下旬—7月下旬	10月上旬—11月上旬	1.5	雪峰95、雪峰100、玉兰白108、矮脚88、高山宝75、高山宝85
		8月下旬—9月下旬	2月中旬—3月上旬	0.2	雪丽120、松不老130、神良168
河北	张家口市张北县、沽源县	3月下旬—5月下旬	6月下旬—10上旬	10	矮脚88、富贵80、明星80等
	唐山市乐亭县闫各庄镇	2月中旬—2月下旬	5月中旬—6月中旬	0.5	白玉80、高山宝75、米松80等
		6月下旬—7月中旬	10月上旬—11月上旬	0.5	台松65、米松70等
	邯郸市永年区	11月中旬—1月中旬	3月下旬—5月中旬	2	富松80、玉兰白80等
		1月下旬—2月上旬	5月下旬—6月中旬	0.5	富松80、玉兰白80等
		6月下旬—7月下旬	10月中旬—12月上旬	2	富松80、玉兰白80等

资料来源:根据相关数据综合整理。

第二节　松花菜的生产价值

一、松花菜生产的经济价值

松花菜适宜种植区域广泛,种植季节弹性比较大,品种的生育期比较短,可与其他蔬菜、粮食作物、油料作物连作复种,还可以在幼林果园、落叶果园间作套种,提高复种指数,提升经济效益。

　　根据联合国粮食及农业组织的统计,我国花椰菜的种植面积和总产量逐年增长,已成为全球最大的花椰菜生产国。2016 年,我国花椰菜种植面积约 52.01 万公顷,年总产量达 1026.37 万吨,分别占全球总面积的38.72%、全球总产量的 40.67%。2020 年,我国花椰菜与西蓝花的种植面积约为 56.1 万公顷,较 2019 年增长 2.56%,在全球的比重约为 38.22%;产量约 1093.6 万吨,较 2019 年增长 2.14%,在全球的比重约为 39.82%。

二、松花菜的营养保健价值

(一) 松花菜的营养成分

　　经检测:每 100 克松花菜食用部分含蛋白质 2.4 克,脂肪 0.4 克,碳水化合物 3.0 克,膳食纤维 0.8 克,钙 18 毫克,磷 53 毫克,铁 0.7 毫克,胡萝卜素 0.08 毫克,硫胺素 0.06 毫克,核黄素 0.08 毫克,维生素 C 88 毫克。

(二) 松花菜的保健价值

　　松花菜中含有的蛋白质、脂肪、碳水化合物,可以为人体补充所需的营养物质,有利于身体的健康。

　　松花菜中含有膳食纤维,适量食用松花菜,可以促进胃肠道蠕动,有利于食物的消化与吸收,具有辅助预防便秘的功效。

　　松花菜中含有丰富的维生素 A,可以促进视神经的发育,在一定程度上还可以改善视力,所以适量食用松花菜对眼睛有一定的好处。

　　松花菜中含有丰富的维生素 C、叶酸等多种营养物质,可以为人体补充所需的营养物质,促进身体的新陈代谢,提高人体的免疫力。

　　松花菜中含有丰富的铁元素,而铁元素是合成血红蛋白的重要原料,对于改善缺铁性贫血有一定效果。

三、社会物质保供的稳定价值

　　随着社会物质文明的不断进步、城乡居民生活水平的日益提高,人们对生活必需品的要求越来越高,因此,市场供应的蔬菜既要品种多样化、数量充足,还要质量安全。

　　松花菜是市场畅销产品,是餐桌上的美食,既要满足食用需求数量的逐年增加,还要保障周年市场的均衡供应。因此,松花菜的生产保供,对维护社会稳定,具有一定的意义。

第三节　松花菜的品种选育与推广

一、松花菜育种情况

　　松花菜品种是从花椰菜种质资源中选育出来的,先有常规松花菜,后选育出雄性不育杂交松花菜品种。

(一) 世界花椰菜育种

　　20 世纪 60 年代以前,世界各地对花椰菜的品种改良和培育主要是依靠选择育种方法培育常规种,欧美各国通过系统选育法培育出许多优良花椰菜品种。杂交一代育种始于 20 世纪 50 年代,日本始于 1950 年,美国始于 1954 年。Watts 于 1963 年系统研究了花椰菜的自交不亲和性,于 1966 年成功利用自交不亲和系选育出花椰菜杂交种,于 1985 年实现了利用自交不亲和系规范化生产花椰菜杂交种。Dickson 于 1995 年将 Ogura 萝卜胞质雄性不育系成功转育到花椰菜中,实现了 Ogura 花椰菜雄性不育杂交种的商品化生产。

(二) 我国花椰菜育种

　　我国花椰菜育种研究起步较晚,在我国南方,18 世纪 90 年代后就有国外花椰菜品种不断传入种植,当地农民自交留种繁殖,基层农业科研单位采用单株选择法和群体选择法选育新品种,培育出一批适于当地生产种植的花椰菜地方品种。如 20 世纪 60—70 年代,福建农业科学研究院培育出福大 2 号、福大 7 号,福州市农业科学研究所培育出福州 50 天、福州 60 天、福州 70 天,广东澄海白沙农场培育出白沙 60 天、澄海早花,南昌农业科学研究所培育出洪都 15、洪都 17 等。

　　在我国北方,20 世纪 70 年代以前主要靠引进国外及我国南方地区花椰菜品种繁殖推广,如 1957 年由尼泊尔引进瑞士雪球,20 世纪 60 年代先后引进了法国菜花、荷兰雪球、耶尔福菜花等进行繁殖推广,成为当时我国花椰菜主栽品种。到 20 世纪 70 年代中期,天津市农业科学研究院蔬菜研究所率先开展了花椰菜自交不亲和研究;1988 年育成了中国第一个花椰菜自交不亲和系 F_1 品种白峰;1990 年实现了商业化生产;20 世纪末到 21 世纪初,由国外引进或通过由甘蓝转育,利用 Ogura 萝卜胞质雄性不育系开展花椰菜胞质雄性不育系研究。2005 年,北京市农业科学院蔬菜研究中心,利用花椰菜萝卜胞质不育系育成 F_1 杂交品种京研 50、京研 60。此后,我国花椰菜育种进入快速发展期。

目前,我国从事松花菜育种的有天津市农业科学院蔬菜研究所、厦门市农业科学研究所、重庆市农业科学院、北京市农业科学院蔬菜研究中心等单位和武汉亚非种业有限责任公司、浙江神良种业有限公司等民营企业,初步形成松花菜育种团队,并取得丰硕成果。

二、我国松花菜种质资源的研究与利用

(一) 种质资源研究

松花菜传入我国经过长期驯化和定向选择,已形成类型丰富、种类繁多的地方品种,为松花菜育种提供了宝贵的资源。至 20 世纪 90 年代末,我国已收集、保存的松花菜地方品种资源 124 份,主要分布在福建、浙江、四川、广东、上海等地,但从总体上看我国松花菜种质资源较为缺乏,而且遗传背景狭窄,因此收集、整理种质资源,是松花菜育种研究的基础。

我国松花菜种质资源主要有福建类型、浙江温州类型、上海类型三大类。

其他地方形成的品种资源,均来自这三大类型。

1. 福建类型

又分为福州和厦门两个类型。①福州类型:特点为花球呈扁圆形、乳白色、球面光滑、较松散,耐涝能力强,中抗病毒病、霜霉病,易感软腐病、黑腐病;②厦门类型:特点为花球为半圆形、紧实、雪白、球面较粗。

2. 浙江温州类型

主要包括龙湾、瑞安、清江三个系列，中抗软腐病，易感病毒病、霜霉病。

3. 上海类型

特点为抗寒、抗黑腐病、菌核病、病毒病、霜霉病、软腐病等多种病害。

（二）种质资源利用

种质资源是生物遗传多样性的重要组成部分，是育种不可缺少的物质基础。随着松花菜在我国栽培面积的不断扩大及育种工作的发展，我国已有一批育种专家从不同角度对松花菜种质资源进行研究与利用。

但是，我国对松花菜种质资源研究还不够系统、深入，并且针对性不强，对种质资源的收集整理、保存和遗传学评价缺乏全面系统的研究，对一些主要性状的鉴定评价仍处于表型的认识上，使得许多优异性状不能被准确、有效地挖掘与利用。因此，必须从分子水平深入研究松花菜种质资源的遗传背景、亲缘关系，并进行系统分析，同时加强对有益基因的挖掘，加大对种质资源的改良和创新。

1. 抗病种质资源的利用

1990—2000年，我国对危害松花菜的主要病害黑腐病和芜菁花叶病毒病进行了研究，制定了松花菜抗黑腐病和芜菁花叶病毒病的苗期人工接种鉴定的标准和方法，经鉴定、评价与筛选，选育出一批抗黑腐病和芜菁花叶病毒病资源材料，利用这些材料育出优良的抗黑腐病和芜菁花叶病毒病的杂交品种。

2. 自交不亲和系的利用

松花菜杂种优势育种的主要途径之一是利用自交不亲和系配制杂种一代。自20世纪70年代中期开始，天津科润蔬菜研究所、北京市农林科学院蔬菜研究中心、厦门市农业科学院、温州神良种业有限公司等相关单位先后开展了松花菜自交不亲和系杂交品种选育研究，选育出了一批多系列松花菜杂交品种，形成不同熟期、不同季节、不同生态类型配套的品种，在很大程度上缓解了国内生产中松花菜优良品种的供需矛盾。目前国内生产中,利用自交不亲和系培育的松花菜杂交品种的覆盖率达50%以上。

3. 雄性不育系的利用

松花菜杂种优势育种的另一途径是利用雄性不育系配制杂种一代,克服了利用自交不亲和系途径存在的繁殖亲本费工、成本较高、自交多代退化问题严重且杂种的纯度很难达到100%等缺点。我国松花菜雄性不育育种,主要采用萝卜细胞质雄性不育源,其特点为幼苗不黄化、花器正常、雄蕊退化、蜜腺发达、花蜜多。北京市农林科学院蔬菜研究中心、天津市蔬菜研究所自1998年相继从国外引进了萝卜胞质雄性不育材料,经过连续回交转育、定向选择,育成花器、蜜腺、植株生长均正常,不育率和不育度达100%的系列萝卜胞质雄性不育系,利用不育系育成了一系列松花菜杂交品种。

三、松花菜品种类型

松花菜品种类型,通常依据栽培季节、成熟期、花球颜色分类。

(一) 按栽培季节分类

根据栽培季节和对环境条件的适应性,将松花菜品种分为春松花菜类型、秋松花菜类型、四季松花菜类型、越冬松花菜类型。

1. 春松花菜类型

适宜春季栽培、在春季、初夏(4—5月)收获的松花菜品种。特点是幼苗在较低温度条件下能正常生长,在较高气温下形成花球。这一类型的种植面积占我国松花菜总种植面积的20%左右,主要品种有亚非松花95、亚非松花100、华耐松花100等。

2. 秋松花菜类型

适宜秋季栽培的松花菜品种。特点是幼苗在较高温度条件下能正常生长,而在较低气温下形成花球。秋季是我国花椰菜主要栽培季节,种植区域大、范围广,全国20多个省、自治区、直辖市都有种植。秋松花菜品种数量占我国松花菜品种数量的90%左右,种植面积占60%以上。主要品种有亚非松花95、亚非松花100、白玉60、白玉65、亚非松花65、长胜108等。

3. 四季松花菜类型

春、秋季均能种植的松花菜品种。该类型品种冬性较强,适应性广,占我国松花菜品种数量的5%。主要品种有亚非白色恋人80、亚非松花100、白玉矮脚88、台引90、浙农松花80等。

4. 越冬松花菜类型

在黄河以南地区适于越冬栽培的松花菜品种。秋季育苗,定植后在冬季生长越冬,来年3—4月收获。品种生长期150天以上,耐寒性强,能耐短期-5℃以下的低温。这一类型品种占我国花椰菜品种数量的4%左右,种植面积占2%左右。主要品种有瑞松108、雪丽120、越冬138、越冬168等。

(二) 按成熟期分类

根据成熟期,可将松花菜品种分为极早熟品种、早熟品种、中熟品种、晚熟品种。

1. 极早熟品种

从定植到收获需40~50天。其特点为耐热、耐湿性强,花芽分化早,生育期短,冬性弱,易发生"早花"现象。植株矮小,花球小,单球重0.3~0.5千克,产量低,适宜夏播秋收。主要品种有悦阳45、正能松45等。

2. 早熟品种

从定植到收获需51~70天。这类品种占我国松花菜品种数量的20%左右。具有耐热、耐湿性强,花芽分化较早等特点,适于夏播秋收。主要品种有亚非雪峰58、亚非白色恋人65、青松65、荣华62、瑞松58。

3. 中熟品种

从定植到收获需71~90天。这类品种占我国松花菜品种数量的40%左右。特点是耐低温,花芽分化较晚,植株生长势较强,花球单重1.0~2.0千克,适宜夏秋播秋冬收获。代表品种有亚非松花95、亚非松花75、亚非白色恋人80、白玉80、白玉矮脚88、松不老75等。

4. 晚熟品种

从定植到收获需91天以上。这类品种占中国松花菜品种数量的30%左右。特点是喜冷凉的气候条件、耐低温、花芽分化较晚。植株生长势强,植株高大,花球单重 2.0 千克以上,适宜秋播秋冬收获,主要在长江以南地区栽培。代表品种有亚非松花 100、高原松 105 天、盛松 100、雪丽 120、越冬 138 等。

(三)按花球颜色分类

松花菜按花球颜色分类,常见的是白色松花菜,也有橙色松花菜和紫色松花菜。

四、松花菜的推广品种

目前,松花菜生产主要推广种植的品种有亚非系列、白玉系列、津松系列、神良系列、台松系列、瑞松系列等(表 2-3)。

表 2-3 松花菜主要推广品种

商品名	品种信息
亚非雪峰 58	早熟品种,半松型,定植至采收 50～58 天。长势较旺,叶片颜色深绿。花球圆整洁白,平滑,梗较绿。整齐度较好,口感脆嫩,商品性佳。单球重 1.0～1.5 千克,生长快速,耐热性较好,栽培容易
亚非白色恋人 65	早熟品种,全松型,定植后 65 天左右采收。生长势旺,耐热性、耐湿性较好。球面紧凑平整,圆整雪白,梗色较绿,收尾平整。适应性较广,整齐度好,栽培容易
亚非白色恋人 80	中晚熟品种,半松型,春季定植后 70 天左右成熟,秋季定植后 80 天左右成熟。生长势强,适应性广。花球雪白,单球重可达 2.0 千克左右,产量高。整齐度好,松散均匀,品质优良,口味超群,商品性佳
亚非松花 75	中熟品种,秋种定植后 75 天左右采收。生长旺盛,花球雪白、光滑圆整,花梗青绿色。在圃性好,产量高,单球重 1.5～2.0 千克。抗病抗逆性强,耐热性较好,成熟整齐。内质柔软,甜脆好吃,耐储运,种植效益好
亚非松花 95	中晚熟品种,半松型,秋种定植后 95 天左右采收。植株长势较旺,根系发达,生长快速。花球圆整,球色雪白,梗色绿,收尾较好。产量较高,单球重 1.5 千克左右。好看、好吃、好卖
亚非松花 100	晚熟品种,半松型,商品性较突出,定植后 100～120 天采收。花球雪白,球面圆整,花枝生长速度均匀,球形美观,产量高,自覆性好

续表

商品名	品种信息
白玉108	中晚熟品种,耐寒耐湿,生长势强,长势健壮,叶色浓绿,对温度钝感,适应性广,易于栽培,花球圆整,花面白蕾枝白绿色,梗粗,花球重,单球重约2.2千克,产量高,定植后约108天始收,为新育成之中晚熟优秀品种
白玉60	早熟品种,秋种定植后60天采收,耐热性和耐湿性好;植株长势直立,花球雪白松大,青梗甜脆好吃,好种好卖;单球重1.2~1.5千克,亩栽1800~2200株。适合黄淮海地区9月底10月上市、长江流域地区10月上市。因品种田间表现优异,获选2021年专家推介品种
白玉65	早中熟品种,株型大,耐热,耐湿,适应广,秋季定植后65~70天采收。春季穴盘育苗,底肥下足,气温稳定在14℃左右定植,定植后约50天采收。气候适宜,栽培得当,单球重1~2千克。花球扁平美观,蕾枝浅青梗,甜脆好吃
白玉70	早中熟品种,耐热耐湿,稍耐低温,抗病,耐肥水,生长快速,根系发达,容易栽培。花球松散,花梗青绿,花球白美,单球重1.5千克左右,秋播定植后约70天采收,为将来市场畅销的花椰菜新品种
白玉80	中熟品种,秋季定植后75~85天采收,花球雪白美观,球形圆整不易起角。半球型,细米花,蕾枝青梗,品质佳。单球重1.2~1.5千克,亩栽2000~2400株。生长势强,植株株型大,好盖花,好种好管理
白玉矮脚88	中熟品种,耐寒,抗病,生长势强,抗逆性强,适宜全国春秋二季及南方冬季、北方高海拔地区。夏季种植。花球雪白美观,花层厚,细米花。株型大,矮脚,叶片油绿,蕾枝浅青梗,甜脆好吃,品质佳,单球重1~2千克,适当密植,亩栽2000~2400株。定植后70~88天采收,耐贫瘠土壤,适合更加广阔地域种植
川岛106	一代杂交晚熟青梗松花菜品种。适宜气候和栽培管理条件下,秋季定植后105天左右可以采收上市,春季定植后70~80天采收上市。该品种生长势强,叶色深绿,叶片肥大,蜡粉厚。花球圆整厚实,口感脆嫩,商品性好。米粒细小,花梗浅绿色,口感脆嫩,商品性好。单球重2千克左右
翠玉108	秋播定植后100~110天采收,春播定植后70~75天采收(生育期长短因温度高低会相应延长或缩短)。花球前期可作紧花菜上市,后期可作松花菜上市。花球圆整,半松,枝浅绿,花球白,单球重2.0~2.3千克

续表

商品名	品种信息
富贵 80	中晚熟品种,耐寒耐热性适中,抗病性强,植株强盛,花球松大雪白,梗浅绿,单球重 2 千克左右,秋播定植后约 80 天采收,春播定植后约 60 天采收,品质柔软,甜脆味美
富松 80	中熟品种,秋播定植至始收约 80 天,春播定植至始收约 65 天(生育期的长短因温度高或低会相应延长或缩短),植株高约 72 厘米,开展度约 106 厘米,梗枝浅绿色、花球较松,单球重 1.7～2.0 千克
高山宝 75	一代杂交,中晚熟品种,耐寒耐湿,耐昼夜温差,生长强健,强抗病,适应性广,容易栽培管理;花球松大,梗浅绿色、球面平整雪白,菜价高,单球重约 2.2 千克;春播定植后 70～75 天采收;秋播定植后 80～85 天采收,产量高,品质优,市场流行,适合高山高海拔地区种植的中晚熟品种
高山宝 85	一代杂交,中晚熟品种,耐寒耐湿,耐温差,植株生长强健,适应性广,抗逆性强,容易栽培管理;花球雪白美观,花梗浅绿色,花形圆整,商品性好,单球重约 2.2 千克;春播定植后 80～85 天采收,秋播定植后 90 天左右采收,产量高,品质优,市场流行,适合高山高海拔地区种植的晚熟品种
高原松 105天	中晚熟品种,新一代品种,长势健壮,叶色浓绿,花面白,蕾枝白绿色,单球重约 2 千克,产量高、品质优,定植后约 100 天始收,品质甜脆好吃,商品性好
华耐松花 100	中晚熟品种,春季种植 60～65 天成熟。植株长势旺盛,花球球型圆,米粒细,花梗青,单球重 1.0～1.5 千克
金生小米 100	晚熟品种,性耐寒耐湿,生长势健壮,适应性广,易栽培,株型整齐,花球圆整,花面白,蕾枝白绿梗,单球重 2 千克左右,商品性好,产量高,定植 100 天采收,品质优,甜脆美味
金生小米 90	新育成杂交一代,中晚熟品种,生长势健壮,适应性广,易栽培,株型整齐,花球白美,花蕾细,松散一致,圆整美观,蕾枝青梗,单球重 1.6 千克左右,商品性好,产量高,秋播后定植约 90 天采收,品质优,脆甜美味,是松花菜主栽区的好品种
津松 75	春秋兼用型青梗松花杂交一代新品种,植株生长旺盛,抗性好,耐湿、耐热,易于栽培,花球松大,球面洁白亮丽,肉质柔软,单球质量 2 千克以上,商品性好,华北地区秋季成熟期 75 天左右,春季成熟期 55 天左右

商品名	品种信息
明星80	中晚熟品种,耐寒,抗病,长势强,花球洁白如玉,花松、梗青,品质好,甜脆好吃,花球重1.5～2.0千克,但因栽培地区气候条件不同而有不同产量,春秋两季可栽培,秋季栽培定植后80～85天可采收,春季栽培定植后65～75天可采收
农欢100	秋播定植至始收约100天,春播定植至始收70～80天(生育期长短因温度高或低会相应延长或缩短)。花球前期可作紧花菜上市,后期可作松花菜。梗枝浅绿色,单球重2.0～2.5千克
青梗松花80日	中晚熟品种,耐寒耐湿,抗旱抗病,抗风雨,耐大肥大水,植株强健,生长快速,根系发达,吸肥力强,容易栽培,在不良环境下能正常生长。花球松大,花梗青绿,花球白美,单球重1.8千克左右。定植后80天左右可收获。为将来市场畅销的花椰菜新品种
青松65	最新育成的早熟松花菜新品种,只适合夏秋季种植,定植后65天左右收获。花球松散、花梗青且长,品质好,单球重1.6千克左右。植株长势旺盛,抗逆性好,花球形成期适宜气温为日平均温度21～25℃
庆农青梗100	晚熟品种,定植后约100天可采收,花蕾整齐白美,花梗淡绿色,收获早期,可作为硬花品种,晚期可作为青梗松花,单球重约2.3千克,花球适合在8～16℃生长
荣华62	早熟青梗松花品种,秋季定植后60～65天采收,植株生长旺盛,抗性好,耐湿、耐热,易于栽培,花球松大,球面洁白亮丽,单球重约1.2千克,商品性好,是目前市场上需求的高品质早熟品种
瑞松58	秋早熟雄性不育杂交一代松花菜品种,秋季定植后60天左右采收。植株耐热耐湿,抗病性强,适应性较广,植株直立、紧凑,适宜密植,花球呈半球型,花球洁白、细嫩、光滑,青梗,口感脆嫩,品质佳,商品性好,单球重可达1.2千克左右,亩产可达3500千克以上,是目前市场所需求的高品质早熟松花菜品种
神良越冬168	叶子皱,叶黑,耐寒,抗病,生长势强,低温下生长结球,盖叶花球雪白,蘑菇形花球。单球重约1.2千克。该品种结球采收期适均温8～14℃。气温在2℃下花球易冻害,及时摘叶护球,注意防冻或大棚采收。长江流域地区大棚越冬种植或无严重霜冻地区露地种植越冬

续表

商品名	品种信息
盛松 100	新育成的春秋两用型杂交一代松花菜品种,植株长势旺盛,株高 90 厘米,开展度 78 厘米,叶色绿,晚熟,花球松散,花梗青且长,品质好,花粒小,花球圆,正常气候条件下,秋季种或者海拔 1500 米以上的地区定植后 80~100 天采收;春季种定植后 65 天左右采收,单球重可达 1.5 千克左右
松不老 130	越冬耐寒松花菜新品种,适合大棚或露地种植,株型直立,叶片深绿宽大,花球规整、洁白、美观,纯小米粒淡青梗,口感甜脆。耐低温强,可以抵抗 -6℃ 低温和短暂的 -8℃ 低温,-10℃ 时可用塑料布遮盖,低温天气过后两天可撤掉。花球前期有一定护球性,花球洁白、厚实,增产潜力大。上市时间为 3 月上旬,价格好,效益高
松不老 75	秋季中熟品种,定植后 65~70 天可采收,单球重 1.2 千克左右。春季种植属于早熟品种,只能晚播种,最低气温稳定在 12℃ 定植,定植后 50~55 天可采收,花球较松散,花梗淡绿色,单球重 0.8~1.0 千克
松花 65	早中熟品种,取过去花椰菜之综合优点所培育出来的好品种。耐热耐湿,抗旱,抗风雨,发育快,根部发达,吸肥力强。易于栽培,在不良的环境下,能正常生长,花球松大、雪白,花梗浅绿色,肉质柔软,甜脆好吃,单球重约 1.8 千克,秋季定植后 65~75 天采收,春季定植后约 50 天采收
松花王 88	一代杂交松花菜,引进国外最优秀原种杂交 F_1 品种,春播、夏播和高山地区种植品种。春播定植约 65 天上市。青梗、抗病、抗热、耐湿、生长势强、适应性广、容易栽培,花球松大、雪白,口感柔软,鲜甜味美,单球重 1.3 千克,是顶尖中熟品种,远销国外
台松 100	中晚熟品种,耐寒、抗病、生长势强,适应广,株型整齐,花球雪白美观,松大形,蕾枝青梗,细米花型,市场流行品种,甜脆好吃,品质佳,单球重 1.5~2.5 千克。是我国春秋季主栽品种,追肥与叶形花球生长同步。秋季定植后 95 天,春种定植后 70 天采收。高垄深沟,施足基肥种植
台松 65	早中熟品种,生长快,花球白,扁平松大,品味佳,适应结球气温 16~28℃,秋季种定植后 65 天采收,春季种定植后 50 天采收。浙江、福建平原沿海 7~8 月或 2 月上中旬播种,海拔 800 米地区早夏与早秋二季采收,1200 米地区夏季采收主销品种

续表

商品名	品种信息
台引 90	新育成的春秋两用型杂交一代松花菜品种,植株长势旺盛,株高 80 厘米,开展度 75 厘米,叶色深绿。晚熟,花球松散、花梗青且长,品质好。正常气候条件下,黄河以南地区春秋两季种植。秋季种定植后 90 天左右采收,单球重可达 1.8 千克;黄河以北地区春季种植,春季温度达到 15℃方可定植,定植后 60 天左右开始采收,单球重可达 1.5 千克
新农 80	中晚熟品种,性耐寒,长势强健,根部吸肥力强,容易栽培,适应性广,定植后约 80 天采收,叶片较大,深绿色,花球雪白,圆整美观,蕾枝白绿梗,品质柔软,甜脆味美,单球重约 1.6 千克,商品性好,产量好,是松花菜主栽区受欢迎品种之一
雪丽 120	晚熟耐寒型品种,定植到采收约 120 天,根部发达,适合低温下生长结球,花球白,稍松,蕾茎稍长,偏青,甜脆味美,炒食可口,是目前优良的越冬品种之一,气候适宜,管理得当,丰产田块单球重约 1.5 千克。植株耐 -5℃短时低温,抗冻及不易茸毛
悦阳 45 天	早熟品种,耐热,定植到采收 45~50 天,株型紧凑,株高 45~50 厘米,株幅 50~60 厘米;叶形长椭圆,叶面披蜡粉;花球黄白色、花梗淡绿色,花球横径 18~20 厘米,纵径 11~13 厘米,单球重 0.4~0.6 千克
越冬 138	晚熟耐寒型品种,定植到采收约 138 天,根部发达,适合低温下生长结球,花球盖叶雪白,球型美观,半松,是目前优良的越冬品种之一,气候适宜,管理得当,丰产田块单球重约 1.5 千克。植株耐 -5℃短时低温,抗冻及不易茸毛
长胜 108	一代杂交,晚熟,耐寒性较强,生长强健,旺盛,抗病耐湿,适应性广,栽培容易;株型整齐,花球圆整松大,雪白美观,花梗浅绿色,商品性高;单球重约 2.2 千克,产量高;秋播定植后 100~110 天采收,春播定植后 80 天左右采收;品质优,口感一流,市场畅销,是晚熟青梗松花型花菜优秀品种

续表

商品名	品种信息
浙农松花80天	综合抗性良好,适应性广,生长势强,适合我国绝大部分松花菜产区春秋两季种植,秋季定植后80～85天收获,春露地定植后60天左右收获。秋季种植株高约48厘米,开展度约80厘米;花球半松,半圆球形,球面洁白细腻,花梗淡青,球径约24厘米,单球重平均1.47千克,每亩产量2600千克以上
珍玉松花100	中晚熟松花菜品种,生长强壮,正常条件下,秋季定植后100天左右采收;春季因定植方式而不同,一般定植后70天左右采收。花球白色,松散,近半球形,花枝嫩绿脆甜,单球重1.5千克左右,大球可达3千克
种都高科瑞松108	从我国台湾地区最新引入。晚熟松花菜品种,耐低温性强,秋冬季节定植后100～110天采收,单球重2千克以上,植株长势强,叶片微皱,花球圆整清白,花粒细密,二级分枝短,花白色,目前市场上最高端的晚秋、越冬松花菜品种
种都高科瑞松65	从我国台湾地区引入,松花杂交一代种。早中熟品种,耐热性好,花球松大、清白,梗青绿色,单球重1.5千克左右。秋季定植65天左右可采收。植株长势中等,对黑腐病有较强耐性。品质甜脆,商品性好
种都高科瑞松85	从我国台湾地区最新引入的高档花菜。植株长势强,开展度中等,秋季定植后85天采收。耐寒性强,花球洁白、细嫩,半松,球型馒头形,球面均匀,花梗绿白,开展后浅绿,花枝短粗,单球重1.5～2.5千克,产量高、抗性强、适应性广,适合高档基地春秋两季栽培
种都高科瑞松90	从我国台湾地区最新引入的高档青梗花椰菜,植株长势强,开展度中等,秋季定植后85～90天采收。耐寒性强,花球洁白、细嫩、半松,球型馒头形,球面平整,花梗绿,开散后更绿。花枝中等,单球重1.5～2.5千克,产量高,抗性强,适应能力广,适合基地春秋两季栽培

资料来源:根据相关数据综合整理。

第四节　松花菜生长发育特性

松花菜与紧球松花菜的生长发育特性是一致的,根、茎、叶的生长与形态是相同的,只是花球的形态松散与紧实有区别。

一、松花菜的形态

(一) 根

松花菜的根系比较发达,主根肥大,主根上着生许多侧根,根系集中,入土较浅。根群主要由主根、侧根上发生的许多须根形成网状结构,分布在 40 厘米的土层内,以 20 厘米以内的根系最多,根系横向伸展半径在 40 厘米以上,最长可达 70 厘米。根系再生能力强,断根后易生新根,适合育苗移栽。但是,幼根初发期较弱,初次移苗要注意保护根系的完整。

(二) 茎

松花菜的胚轴露出土后,幼苗上、下胚轴均很明显,茎的生长随着叶片的增加逐渐长高。营养生长期的茎是短缩茎,茎的下部细,直径 2～3 厘米,靠近花球部分变粗,直径 4～6 厘米,茎长因品种而异,一般 20～25 厘米,呈高脚花球状。茎节上一般不发生腋芽,若有腋芽也不能食用。有少数品种会萌发形成一个或数个侧枝,进而长成非商品性的小花球。这些侧枝应及早打掉,以免影响主花球的产量。由于形成侧枝具有遗传性,在选种中应该淘汰有侧枝的植株。植株是直立的,不同熟期的品种差异较大,早熟品种植株矮小,晚熟品种植株较高大。

(三) 叶

松花菜的叶着生于短缩茎上,比较狭长,多为深绿色。叶片较厚,不很光滑,表面有蜡粉,起到减少水分蒸发的作用。松花菜的叶片分为外叶和内叶两种,下部外叶开张向外,上部外叶开张向内。叶片从基部向上由小逐渐增大,至花芽分化后不再增大。内叶没有叶柄,包被花球,自外向内渐小。叶片在茎上的排列从第一片真叶起为 3 叶一层,5 叶一轮左旋形成排列。心叶合抱或拧合,心叶中间着生花球,从第一片真叶到最后一片心叶止,总叶片数多为 30～40 片,但最底层的叶片先脱落,只留下 20～30 片叶作为松花菜的营养叶簇,为花球的生长制造养分。一般单株有 30～50 片叶子构成叶丛。叶片在生长过程中有脱落现象,这是正常的。但过多的脱落或人为的摘叶,会影响同化作用,生产上应保持每棵植株外叶数 12 片以上。在现花球时,心叶向中心自然卷曲或扭转,可保护花球免受日光直射而引起变色,或可使花球不受霜冻危害。

松花菜叶簇生长分直立、半直立、平展、下垂;叶片形状有披针形、宽披针形、长卵圆形;叶片顶部有尖形、钝圆形;叶缘全缘或光滑或有极浅缺刻,微波浪状;叶色有浅绿、绿、灰绿和深绿;叶面有灰白色蜡粉,叶肉肥厚。幼龄叶片平滑,成熟叶叶面有的光滑,有的微皱,有的褶皱。内叶向内抱护球,无叶柄,但有的品种叶柄不明显,叶柄长度因品种而异,且有的品种叶柄上带有叶翅,有的品种不带。

(四)花球

花球是松花菜营养贮藏器官,也是食用器官,着生在短缩茎的顶端,由心叶包裹着。花球由肥大的主花茎和许多肉质花梗及绒球状的花枝在顶端集合而成。当植株长到一定大小,感应一段时间的低温后,松花菜的叶原基停止分化,花原基开始分化,最后分化形成花球。每个肉质花梗由若干个 5 级花枝组成的小花球体组成,50～60 个肉质花梗从中心经 5 轮左旋辐射轮状排列构成一个花球。各级分枝界限可以从每个分枝基部着生的鳞片状小包叶辨认。花球变为白色(雪白色、乳白色)、紫色、橘黄色、黄绿色。花球形状为圆形、扁圆形。一个成熟的花球,一般横径 20～35 厘米,纵径 10～20 厘米,单球重 1～3 千克。花球大小与品种、栽培时期、土壤营养与自然环境条件密切相关。有时会出现早花、毛花、青花或紫花等而影响品质。

(五)花

用于生产种子的松花菜,花枝顶端继续分化形成花芽,各级花梗伸长,花球松散,抽薹开花。复总状花序,花为完全花。花萼绿色或黄绿色,花冠颜色有黄色、乳黄色、白色三种。松花菜的花完全开放时,4 个花瓣呈十字形排列,基部有 4 个分泌蜜汁的蜜腺,花瓣内侧着生 6 个雄蕊,4 长 2 短,每个雄蕊顶部着生花药,花药 2 室,成熟后纵裂散发出黄色的花粉。雌蕊1 个,2 个心皮,子房下位,柱头为柱状。

(六)果实

松花菜的果实为长角果,扁圆筒形,长 5～8 厘米,先端喙状,成熟后纵向爆裂为两半,两侧隔膜胚座上着生种子,呈念珠状。每个角果里有 10 多粒种子。种子圆形或微扁形,红褐色至灰褐色,千粒重 3～4 克。

二、花球与花器官的分化与形成

(一)花球的分化与形成

1. 叶原基分化期

叶原基分化期,茎端基部较小,体积与表面积也小,生长锥四周绕着主轴直径螺旋形分化出叶原基。

2. 花球原基分化始期

茎端原基细胞垂周分裂,原体细胞平周分裂。生长锥变得平圆,并逐渐加宽,其体积和表面积都增大,这时叶原基停止分化,标志着植株从叶原基分化开始转向花球原基分化的过渡阶段。在正常播种期内,松花菜进入花球原基分化始期,因品种不同而有差异。60 天的品种进入这一时期只有 4 片真叶,株高 7 厘米左右,叶片开展度 7 厘米左右;80 天的品种,进入这一时期平均有 6 片真叶,叶片开展度 8 厘米左右;100 天的品种,达到8 片真叶、株高 8～9 厘米、叶片开展度 9 厘米左右时才进入花球原基分化始期。

3. 花球原基形成期

在茎端平圆生长锥的周围分化出第一层小突起之后,在生长锥的外侧继续分化出第二层以至多层小突起,这些小突起将发育成第一级花球体。

4. 花球形成及膨大成熟期

随着生长锥的外侧依次在主轴上螺旋式地连续分化出圆球形小突起，小突起的数目不断增加，从小突起形成的第一级花球体原基顶端外侧分化出第二级花球体原基。依此方式继续分化出第三级乃至第五级花球体原基。正常发育的花球从一个小突起形成有 5 级的花球体原基即分化终止，同时横径和纵径不断增加。许多这样的花球体原基组合发育而成为一个完整的花球。

5. 抽薹和花器官分化期

当花球达到成熟阶段，接着是抽薹和花器官的分化。成熟的花球是由许多肉质的花梗和花器官原基组成的。

（二）花器官的分化过程

1. 花原基分化期

花球达到成熟后，不再膨大，开始发散，花球解体，即出现花原基。随着花原基生长，外层可见到初生萼片原基。

2. 萼片形成期

花原基基部伸长，分化成花柄，在花原基外层分化出萼片原基，以后逐渐形成 4 枚萼片。

3. 雄蕊和雌蕊形成期

花原基中部微凹陷，萼片原基的内侧形成突起，即为雄蕊原基。随着雄蕊原基增大，中部呈圆球形隆起，形成雌蕊原基。随着萼片伸长，雄蕊发育，雌蕊原基不断增大，其顶端呈"V"字状。

4. 花瓣形成期

在雄蕊和雌蕊发育的同时，在萼片与雌蕊之间分化出花瓣原基突起，继而发育成 4 枚花瓣。

5. 花药、胚球形成期

雄蕊、雌蕊继续发育，子房膨大，子室中形成假隔膜，其上着生排列整齐的胚珠，花丝伸长，花药和花粉逐渐形成与增多。

6. 开花、授粉与结实习性

各级花枝上的花蕾由下而上陆续开放，整个开花期 20～50 天，早熟品种花期约 20 天,中熟品种花期约 30 天,晚熟品种花期 35～50 天。

松花菜具有雌蕊先熟的特性,其雌蕊柱头在开花前 4～5 天已有接受花粉的能力,其能力可延至开花后 2～3 天。花粉在开花前 2 天和开花后 1 天均有较强的生活力,但雌蕊和花药的生活力都以当天开的花最强,雄蕊柱头上的乳凸状细胞在开花 4 天后开始萎缩,到第九天全部萎缩,所以开花后 4 天内授以新鲜花粉,结实率无明显差异。4 天以后结实率下降至不结实。将采集的花粉在 4℃左右温度下贮存 1 个月,仍有生活力。

松花菜为异花授粉、虫媒作物,依靠蜜蜂等昆虫授粉,在繁殖种子(原种、生产种)时要与同种的甘蓝类蔬菜种田严格隔离,以免杂交串粉。松花菜连续自交,容易发生自交退化现象。

三、松花菜生长发育特点及对环境条件的要求

(一) 松花菜各生长发育阶段特点

松花菜属 1～2 年生植物,其生育周期包括营养生长和生殖生长两个阶段,其中营养生长阶段从播种到出现花球,其生长发育过程分为发芽期、幼苗期、莲座期、现球期,前 3 个时期主要进行营养器官的生长,在莲座期结束后,植株心叶开始向内弯曲,生长并进行花芽分化,逐渐形成花球,这一时期营养生长和生殖生长并行。松花菜属绿体春化作物,植株必须长到一定大小,才能感应低温通过春化,诱导花芽分化。一般情况下,早熟品种植株茎粗 5～6 毫米、叶片 6～7 片,中熟品种茎粗 7～8 毫米、叶片 11～12 片,晚熟品种茎粗 10 毫米左右、叶片 15 片时,可接受低温通过春化。生殖生长阶段从现花球到开花、结实,其生长发育过程分为花球生长期、抽薹期、开花期和结荚期。各阶段的生长发育特点如下。

1. 发芽期

从种子萌动至子叶展开、真叶显露为发芽期。种子在吸水后膨胀,胚根由珠孔伸出,种皮破裂,子叶露出地面,逐渐展开。在发芽适温 20～25℃条件下,需 7～10 天(图 2-1)。

图 2-1　松花菜种子发芽期

2. 幼苗期

从真叶显露至第一叶序的 5 片叶展开、形成团株为幼苗期。需 25～30 天（图 2-2）。

图 2-2　松花菜幼苗期

3. 莲座期

从第一叶序展开到莲座叶全部展开为莲座期。所需时间因品种生育期差异较大,一般需 25～45 天。此期形成强大的莲座叶,后期顶芽进行花芽分化,分化后根群迅速发育,根重显著增加(图 2-3)。

图 2-3　松花菜莲座期

4. 花球生长期

从花芽分化至花球生长充实适于商品采收时为花球生长期。这一时期的时间长短依品种及气候条件有差异,一般需 20～25 天。结球前期叶片生长旺盛,生长速度也快。随着花蕾的膨大发育,干物质优先向花蕾集中,向根群分配的干物质极少,因此,根系迅速老化枯死,吸收水分的能力减弱。到结球后期叶片生长缓慢,花球生长速度增快。早熟品种发育快,如天气温暖,花球生长期短;中晚熟品种发育慢,如天气较凉,花球生长期则长。花球生长期的生长量大,生长速度更快,而且花球的成熟期短,需及时供应肥水(图 2-4)。

图 2-4　松花菜花球期

5. 抽薹期

从花球边缘开始松散、花茎伸长至初花为抽薹期。一个成熟的花球具有几十个一级侧枝及二级侧枝,随着花枝的生长,花序也逐渐向上生长。花枝的颜色由白变绿,花的原始体颜色由白变黄再变紫、变绿,最后形成黄色的花冠。在温度适宜时,这一时期需 15 天左右(图 2-5)。

图 2-5　松花菜抽薹期

6. 开花期

从初花至全株花谢,需 25～30 天,松花菜的花为复总状花序,花序上的花由下部向上开放,一个花序每天可开放 4～5 朵花。抽薹开始期最适温度为 15～30℃,过高或过低,花粉均不能发芽,导致只开花不结果(图 2-6)。

图 2-6　松花菜开花期

7. 结荚期

从全株花谢到角果成熟为结荚期。因品种不同,一般需 20～40 天(图 2-7)。

图 2-7　松花菜结荚期

(二) 松花菜生长发育对环境条件的要求

1. 温度

松花菜属半耐寒性蔬菜,喜冷凉气候,既不耐炎热,又不耐霜冻,生长发育的适宜温度范围比较窄,为甘蓝类蔬菜中对环境要求比较严格的一种。

(1) 松花菜在生长发育的不同阶段所需的温度条件不同。

种子发芽期:最适宜温度为 18～25℃,在 30℃ 以上的高温下也能正常发芽,2～3℃ 的低温下可缓慢发芽,因此在寒冷的冬季也可育苗。在适宜的温度条件下,从种子萌动到子叶展开,真叶露出需 7 天左右。

幼苗期:耐热、耐寒能力较强,生长适宜温度为 15～25℃,若温度 25℃以上或日照不足,均会导致幼苗生长过快,胚轴和幼苗细弱,导致徒长。幼苗生长在 15～20℃ 的温度条件下,才能培育健壮苗。经过低温锻炼的健壮苗,能忍耐 -7～-6℃ 的低温,也能耐 35℃ 以上的高温,但超过 25℃ 光合能力衰退,干物质合成减少,根系少,幼苗虚弱,易形成徒长苗。

莲座期:适宜温度为 15～20℃,若高于 25℃,叶片光合能力衰退。要求一定的昼夜温差。由于品种不同,其耐热性和耐寒性也有一定差异,早熟品种耐热性强,但耐寒性弱,晚熟品种耐热性较差,但耐寒性较强。

诱导花芽分化的温度条件因不同品种有较大的差异。早熟品种为17～25℃,完成春化时间为 15～20 天;中熟品种为 15℃ 左右,完成春化时间为 20～25 天;晚熟品种为 5～15℃,完成春化时间为 30 天。在同一平均气候条件下,夜间最低温度对春化的影响较大,而白天的高温对夜晚的低温有抵消作用,另外,在一定的温度范围内,温度越低,春化所需的时间越短,温度越高则春化所需的时间越长。松花菜只有通过春化完成花芽分化后才能形成花球,温度过高过低,都会导致花芽分化出现异常现象。在花芽分化期如果连续遇到 30℃ 以上的高温,小花之间就会出现叶片,俗称"花球夹叶",而且花柄伸长,花球上出现花器,并长出绿色小苞片、萼片和小花蕾,如连续遇到 -5℃ 以下的低温,则花芽不能正常发育,就会形成"瞎花芽",或将使花球由白变绿、变紫,称为"绿毛",有时在花球表面还会着生许多茸毛状的小叶而称为"毛花"。

花球形成期:要求冷凉的气候,适宜温度为 15～18℃。若气温低于8℃,则生长缓慢;气温在 0℃ 以下则花球易受冻害;若气温达到 25℃ 以上,且气候干旱,花球形成容易受阻,使花球细小、质量变劣,粗糙老化、变黄,花枝松散并在花枝上萌发小叶,导致品质下降,这种现象从春到夏的栽培中常会发生。

叶丛生长与抽薹开花:要求温暖,适宜温度为 20～25℃。25℃ 以上花粉丧失发芽力,种子发育不良。

开花结果期:要求的适宜温度为 15～18℃,若温度在 25℃以上,则花粉丧失萌发能力,雌花呈畸形,不能形成种子。

(2) 松花菜的品种特性不同,对温度的反应也不一样。①早熟品种。在花球形成期较耐热,在 25℃以上的温度条件下也能形成花球,但形成的花球松散,品质相对较差。②中、晚熟品种。花球形成期即使在气温 20℃的条件下,花球也会出现发散现象。

(3) 松花菜必须通过春化阶段才能进行花芽分化。不同特性的品种完成春化的温度和时间都有区别,松花菜在 5～25℃范围内均能通过春化阶段,在 10～17℃幼苗较大时通过最快。①极早熟品种,要求 23℃以下的温度;②早熟品种,幼苗可在较高温度下生长,在 17～18℃适温范围内通过阶段发育;③中熟品种,在 11 片叶或 12 片叶以上时,要求 10～12℃的适温,通过阶段发育,可在较高的温度(15～20℃)下形成花球;④晚熟品种,幼苗比较耐低温,通过春化最适温度在 5℃以下,通过春化阶段时植株比较粗大(茎粗 15 毫米以上),其冬性和耐寒性都比较强。

完成春化所需要的低温日数因植株大小和营养状况而异,一般极早熟品种、早熟品种为 15～20 天,中熟品种为 20～25 天,小株晚熟品种则需较长时间,约为 30 天。

针对松花菜对温度敏感的特性,同季节栽培、不同设施条件下的栽培应选用适宜的品种,否则将会造成减产减收,甚至无收。

2. 光照

(1) 对日照长短要求不严格。松花菜属长日照植物,喜充足光照,也能耐稍阴的环境,对日照时间的要求不严格。通过阶段发育(春化)的植株,不论日照长短,都可形成花球。在阴雨多、光照弱的南方地区和光照强的北方地区,都生长良好。所以,决定花球形成的主要因素是温度,而不是日照长短。虽然日照长短对花芽分化的影响不大,但是长日照能促进花芽分化。

(2) 生长期需要充足的光照。在光照充足的条件下,叶丛生长强盛,能提高同化效率,营养物质积累多,产量高。抽薹开花时期光照充足,对开花、昆虫传粉、花粉萌发、种子发育有利,因此,抽薹开花期需要充足光照。南方地区夏、秋季栽培,光照充足,叶丛生长强盛,叶面积大,营养物质积累多,花球产量高。

(3) 花球形成期需要光照较弱。松花菜虽然喜欢光照,在花球形成期,如果光照太强,温度过高,则叶片生长受阻,使植株的心叶无法包裹住花球,导致露在外面的部分直接受阳光的照射,使花球变成淡黄色或淡绿色,从而降低品质。因此,花球形成期适宜日照短和光强较弱,应避免阳光直接照射花球。

3. 水分

松花菜根系较浅,植株叶丛大,蒸发量大,不耐干旱,耐涝能力也较弱,对水分的供应要求比较严格,喜湿润的环境条件。生长发育最适宜的土壤湿度为田间持水量的 70%～80%,最适宜的空气湿度为 85%～90%。松花菜对土壤湿度的要求较为严格,如土壤水分充足,即使空气湿度较低,也可较好地生长发育。土壤水分不足,加上空气干燥,很容易造成叶片失水,地上部生长受到抑制,植株生长发育不良,导致提前形成小花球,即"先期现球",不但失去商品价值,且影响产量。因此,松花菜在整个生长过程中均需要充足的水分,不同生育时期对水分的要求又不一样。

(1) 幼苗期。在高温季节不宜供应过多水分,否则容易影响根系的生长,导致植株徒长,或者发生病害。

(2) 茎叶生长期。叶面积迅速增大,蒸腾作用加强,需要较充足的水分,如果土壤水分供应不足,则会使植株的生长受抑制,加快生殖生长,提早形成花球,使花球小且品质差。

(3) 花球形成期。叶面积达到最大值,花球生长需要充足的水分,该期需水量最多。松花菜要求排水良好、疏松肥沃的土壤,忌田间积水,也忌炎热干旱。

4. 土壤营养

(1) 土壤。松花菜对土壤的要求比较严格,适宜在有机质丰富、疏松深厚、保水保肥和排水良好的壤土或沙壤土上栽培。对土壤酸碱度的适应范围为 pH 值 5.5～8.0,最适生长的 pH 值为 6.0～7.0。

（2）肥料。在松花菜整个生长过程中，氮、磷、钾配合施用，有利于植株的生长发育。

氮：在松花菜整个生长过程中，对氮肥尤为敏感，需要充足的氮素营养。幼苗期氮素对幼叶的形成和生长影响特别明显，氮素充足幼苗生长繁茂健壮，反之植株矮小，叶片数少而短，地上部重量轻；特别在莲座叶生长盛期和花球形成期需要充足的氮素。如若氮素不足，会发生提早现花球，花球小而品质不良的现象。花芽分化前缺氮不仅影响茎叶生长，而且会抑制花球的发育。

磷：磷素可促进花椰菜的茎叶生长和花芽分化，特别是在幼苗期有促进茎叶生长的功效。从花芽分化到现蕾期，磷是花芽细胞分裂和生长不可缺少的营养元素。如果缺磷，叶片边缘出现微红色，植株叶片数少，叶短而狭窄，地上部分重量减轻，同时也会抑制花芽分化和发育。在花芽分化到现球期间，如缺磷，会造成提早现球，甚至影响花球的膨大而形成小花球。因此，在幼苗期及花芽分化前后，必须充分供应磷肥。

钾：是整个生育期所必需的。钾素影响叶的分化，虽没有氮、磷那样明显，但如果缺钾，植株下部叶片易黄化，叶缘与叶脉之间呈绿褐色，同时缺钾不利于花芽分化及以后的花球膨大，造成产量降低。所以在栽培过程中，不论是基肥或追肥都应有充足的钾肥，特别是进入生殖生长期，钾与花球肥大关系密切。在整个的松花菜生长过程中，要求氮、磷、钾的比例大致为 23：7：20。

据试验研究，每生产 1000 千克松花菜产品，需要吸收氮 7.7～10.8 千克，磷 3.2～4.2 千克，钾 7.7～10.8 千克。在整个松花菜生长过程中，要求氮、磷、钾的比例大致为 3：1：3。

微量元素：松花菜对钙、硼、钼、镁等元素反应也十分敏感。在莲座期，如果土壤偏酸性，会阻碍钙的吸收，出现弯形叶、鞭柄叶或畸形叶，特别是叶尖附近部分变黄，出现缘腐。如果在前期缺钙，植株顶端的嫩叶呈黄化，最后发展成明显的缘腐。在多肥、多钾、多镁的情况下，钙的吸收也会受阻，并表现出缺钙的症状，土壤干燥，更易阻碍钙的吸收。

松花菜对硼和钼的需求量也较高。植株缺硼时，叶缘向内反卷，叶脉出现龟裂或出现小叶片,生长点受害萎缩,出现空茎,花球膨大不良,严重时花球变成锈褐色。早期缺硼,会造成生长点停止并发生心腐。

缺钼:出现畸形的酒杯状叶和鞭形叶,植株生长迟缓矮化,花球膨大不良,产量和品质下降。

缺镁:下部叶的叶脉间黄化,最后整个叶脉呈黄化。

缺锰:叶片上出现黄色斑点,芽的生长严重受到抑制,心叶细小。

缺铜:叶尖失绿发白,并且以老叶向心叶发展。

第五节　松花菜栽培技术

我国地域广阔,从海南省到黑龙江省都有种植松花菜,各地的种植季节、种植品种、种植制度、种植技术等丰富多样,产品可以周年供应市场,满足城乡居民的生活需要。

一、松花菜育苗技术

(一)松花菜设施保温育苗

设施保温育苗,是指在工厂化温室、塑料大棚或中棚中,使用营养基质或基质加营养土塑料盘育苗方式(图 2-8、图 2-9)。

图 2-8　松花菜工厂化育苗　　　图 2-9　松花菜塑料大棚育苗

1. 整理苗床

在塑料大棚内,翻耕整理苗床,按130厘米宽开沟起垄,垄面宽100～110厘米,整平压实,横向摆放2排塑料盘。

2. 物质准备

(1)准备基质。选购商品育苗基质或草炭加珍珠岩150千克/亩;备塑料盘,72孔型的备50～55个/亩;松花菜种子20克(2袋)。

(2)基质处理。将基质混合后,加多菌灵杀菌剂200克,用铁铲翻铲基质,把药与基质混配均匀,然后向基质上淋水,边淋水边铲拌基质,达到手握成团、落地即散的标准,堆闷24小时。

(3)基质装盘。将消毒晾干后的塑料盘,整齐码放在基质旁边,用小铲把处理好的基质放入塑料盘中,每穴填满基质后,用木板沿塑料盘面刮去多余的基质。

3. 精细播种

(1)种子处理。播种前把种子放在竹席上晒种2～3天,然后将种子放在40℃左右的温水中搅拌15分钟,除去瘪粒,在室温下浸泡5小时,再用清水洗干净备播。也可用种子重量0.4%的50%福美双可湿性粉剂拌种。

(2)播种。播种时选大小一致的种子,播入塑料盘孔穴内,每穴1粒,播入穴中间,播深0.8～1.0厘米,每个塑料盘播完后,用基质盖种,然后将塑料盘摆放在育苗架或苗床上,喷淋适量水分,用塑料薄膜平铺盖好。

4. 苗期管理

(1)温度管理。播种好的塑料盘全部进入设施大棚后,把棚四周的塑料膜封严保温保湿,白天棚内温度为20～25℃,夜间温度不低于8℃,促进幼苗迅速出土。苗齐后至第一片真叶显露时,晴天打开棚门适当通风。以后保持棚内白天温度不低于20℃,夜间温度不低于8℃。苗期如果遇到较长时间的寒潮低温天气,可在棚内装加温电灯泡,增温补光。

(2)水分管理。第一片真叶生出后,视塑料盘内基质水分情况,不干不浇水,促进幼苗长根,遵循植物"干长根,湿长苗"的特性。待2片真叶长出后,每2天喷一次水。

(3)喷施肥液。幼苗2片真叶时,种子贮藏的营养已消耗完,此时结合喷水加入适量的水溶性肥料,促进幼苗生长。

（4）通风炼苗。幼苗长出 4～5 片真叶时,白天要将大棚两头的门打开,通风炼苗,晚上关闭。

（5）病虫防治。移植前 2～3 天,选用杀菌杀虫剂加营养液,喷施 1 次,让苗带肥带药移植到大田。

（二）松花菜遮阳降温育苗

松花菜夏、秋季育苗,由于气温高,水分蒸发量大,育苗时要加装遮阳设施,防强烈日光照射伤苗（图 2-10）。

图 2-10　塑料大棚加遮阳网育苗

1. 苗床准备

苗床选择地势较高、通风良好、能灌能排、土质肥沃的地块。前茬作物收获后,及时清除秸秆和杂草,翻耕晒田。按 270 厘米开沟定厢或作畦埂,在畦埂处挖排水沟,排水沟两侧为压膜区。根据土壤肥力,每平方米育苗床施过筛的腐熟粪肥 10～15 千克。施肥后将床土旋耕整细,粪土混匀,整平厢(畦)面,再用铁(石)碌压一遍,然后用平耙耙平,做成平整的厢(畦),以备播种。

2. 精细播种

播种前将苗床浇足底水,翌日在苗床上按 10 厘米×10 厘米规格划方块,然后在方块中央扎眼,深度不超过 0.5 厘米,用喷壶洒一遍水,水渗下后撒一层薄薄的过筛细土,然后按穴播种,每穴 2~3 粒,播种后覆盖约 0.5 厘米厚的过筛细土。

3. 搭建拱棚

夏季播种日照强烈,常遇降雨,为防止高温烤苗和雨水冲刷,需搭盖遮阳防雨棚,以遮光、降温、防雨、通风为目的。可搭成宽 200 厘米、高 100 厘米左右的拱棚,上盖遮阳网,播种出苗期,在下大雨之前在棚架上加盖塑料薄膜防雨。有条件的采用大棚加遮阳网覆盖育苗效果更佳。

4. 苗期管理

(1)遮阳降温。播种后 3~4 天幼苗出齐,将覆盖的塑料薄膜及遮阳网撤掉,换上防虫网。通过遮阳网可降低土面温度 5~8℃,减少幼苗的蒸腾作用,避免幼苗萎蔫,防止地面板结,有利于幼苗正常生长。一般幼苗出土到第一片真叶出现,每天上午 10 时至下午 4 时均需遮阳。后期逐渐缩短遮阳的时间,幼苗 4~5 叶期可以不用遮阳。

(2)水肥管理。苗期要充足的水分,一般每隔 3~4 天浇一次水,保持苗床湿润,土壤湿度为持水量的 70%~80%,以促进幼苗生长。

幼苗 3~4 片真叶时,结合浇水,每亩苗床追施 5 千克尿素。浇水和追肥应在傍晚或早晨进行,冷灌夜浇,降低地温。

(3)间苗分苗。子叶展开时及时间苗,每穴只留 1 株。当幼苗生长到 2~3 片真叶时,按苗龄大小进行分苗。分苗选阴天或傍晚进行,苗距 8 厘米左右。分苗床管理与苗床相同。苗龄 30~40 天,有 6~7 片真叶时即可定植,苗龄过大定植不易缓苗成活。

(三) 松花菜保护地育苗

保护地育苗是北方地区推广的一种育苗方式,通过温室(日光温室)和电热温床增温的保护地育苗(图 2-11)。

图 2-11　松花菜日光温室增温的保护地育苗

1. 苗床准备

(1)配制营养土。床土是供给菜苗水分、营养和空气的基础材料,菜苗发育好坏与床土的质量有密切的关系。优良的床土应是肥沃、松软、富含有机质,有机质含量以 15%～20% 为宜,全氮含量占 0.5%～1%,速效氮含量>100 克/千克,速效磷含量>150 毫克/千克,速效钾含量>100 毫克/千克,pH 值 6～6.5。一般园土中有机质含量很低,缺磷、缺钾、少氮现象普遍。因此,要因地制宜配制营养土。营养土通常用孔隙度较大、松软、体轻、有机质含量较高的草炭、马牛驴粪、稻壳、甘蔗渣、炉渣,以及一定数量的氮、磷、钾复合肥和硼、锌等微量元素肥料,与种植禾本科作物的土壤或河泥,整细、过筛、混配均匀。

(2)床土消毒。为了防治苗期病虫害,除了选用病源、虫源少的床土配料外,还应进行床土消毒,以杀灭有害生物。消毒方法有药剂消毒和物理消毒,生产中主要用药剂消毒。

五代合剂床土消毒:用五氯硝基苯和代森锌混合物,配成药土使用。按每平方米播种床用五代合剂 7～8 克,与 15 千克床土均匀混合,于播种床浇透底水后取 1/3 药土撒于床面上,播种后用余下的 2/3 作为盖籽土,做到下铺上盖,能有效地防治苗期猝倒病等。但五代合剂对幼苗生长有一定的抑制作用。应用前,苗床底水要浇透,出苗后注意适当喷水,才能保证幼苗正常生长。

65％的代森锌粉剂消毒：每立方米床土用代森锌60克，药与土混拌均匀后用塑料薄膜盖2～3天，而后撤掉塑料薄膜，待药味散后即可以使用床土。此法有一定的防病效果。

福尔马林消毒：用0.5％的福尔马林溶液喷洒床土，混拌均匀，然后堆放，并用塑料薄膜封闭5～7天，揭开塑料薄膜使药味彻底挥发后方可使用床土。能够防治猝倒病和菌核病。

多菌灵消毒：消毒1000千克营养土，需加入50％多菌灵25～30克加水制成药液，与营养土混拌均匀，然后堆放，并用塑料薄膜封闭2～3天，可杀死枯萎病等病原菌；或按每平方米苗床加50％多菌灵20～30克，撒于厢（畦）面，翻土拌匀。

（3）铺放床土。将配制消毒好的营养土，铺放到育苗床上，每平方米铺放营养土100～150千克，8～10厘米厚，用菜耙搂平。

2. 精细播种

（1）晒种。为使种子发芽整齐一致，应在播种前晒种2～3天，清选去除瘪籽和杂质。

（2）苗床浇底水。播种前浇水，以使土层水分达到饱和状态为宜。浇水视地下水位高低的不同，土壤保水能力与底水的大小有所差异。对地下水位较高和土壤保水能力较强的壤土、黏质壤土，底水应少些；对地下水位较低和保水能力差的沙壤土或漏水地，底水要多些。如浇水量不足，土壤干燥，会影响种子发芽、出苗，甚至使已发芽的种子干死，出苗后也会影响幼苗的生长；如浇水量过大，不仅会降低地温，而且会造成土壤缺氧，影响种子正常发芽。因此，播种前适量浇水是保证种子正常发芽、出苗的有力措施。浇水后应立即覆盖塑料薄膜进行烤厢（畦），以提高厢（畦）温，使幼苗迅速出土。

（3）确定播种量。播种前应进行种子发芽试验，然后根据种子发芽率的高低和播种方式来确定播种量。一般种子发芽率在90％左右、每克种子在350～400粒时，温室、温床育苗播种量为3～4克/米^2，如营养方块点播，一般每穴要播所栽株数的1.5倍。

（4）播种。育苗床浇水后即可播种，播种时先撒一薄层过筛细土，再行播种。播种方法有两种：①撒播。将种子均匀撒在育苗床上，然后立即覆盖过筛细土 2～3 厘米，四周撒一些鼠药，覆盖塑料薄膜，并用细土将四周薄膜封严。②点播。播种前在育苗床上按 10 厘米×10 厘米划出营养方块，在方块中间扎 0.5 厘米左右深的穴，然后每穴点播 2～3 粒种子，随即用过筛细土盖种，再覆盖塑料薄膜，以提温保湿。

3. 苗期管理

（1）覆土。从出苗到分苗之间可进行 3 次覆土。覆土应选择晴朗无风的天气进行，每次覆土约 0.5 厘米。第一次在种芽"拱土"时，既可防止厢（畦）面裂，又可保墒；第二次在幼苗出齐后；第三次在间苗后，覆一层 0.5 厘米厚的过筛细土，以助幼苗扎根，降低苗床湿度，防止猝倒病等病害发生。注意覆土后立即盖上塑料薄膜，以防闪苗。

（2）间苗。在子叶充分展开第一片真叶吐心时进行间苗，以间开为宜。间苗前适当放风，以增加幼苗对外界环境的适应性，并选在晴暖天气时进行。

（3）分苗。为了培育壮苗，要及时分苗，防止幼苗密度过大，影响通风透光，造成幼苗徒长。分苗适期在 2 叶 1 心至 3 叶 1 心，分苗行株距为 10 厘米×10 厘米。分苗前 15～20 天将分苗厢（畦）覆盖塑料薄膜，烤苗床土。分苗选择晴天进行。

（4）中耕与覆土。采用开沟贴法的分苗畦，应在缓苗后经几天的放风锻炼，然后及时中耕，有利于保墒和提高地温。第一次中耕要浅，划破地皮就可；隔 5～6 天进行第二次中耕，深度 2～3 厘米。营养钵分苗不进行中耕，只进行一次覆土，以达到保墒的目的。

（5）温度管理。

从播种至出苗期间：为了提高厢（畦）内气温和地温，促使幼苗迅速出土，应加强保温措施。播种后的温室和电热温床，白天温度应控制在 20～25℃，夜间温度在 10℃左右，四周封严。上顶用草苫覆盖的要早拉早盖，一般下午温降至 16～18℃时盖草苫，早上揭草苫温度以 6～8℃为宜，经 7 天即可出苗，10 天即可出齐苗。

齐苗到第一片真叶展开：开始通风，可适当降低棚内温度，以防幼苗徒长，白天温度控制在 15～20℃，夜间温度在 5℃左右，揭草苫时的最低温度在 2℃左右，这段时间天气变化较大。随天气变化掌握好温度是培育壮苗的关键。如果这段时间气温偏高，不采取通风降温措施，会造成幼苗徒长，长成节间较长的高脚苗。这种苗很难获得早熟丰产，所以无论阴天还是刮风天气都要每天按时通风，以降低苗床内的温湿度，即使在下雪天的情况下也要打开苗床两头的塑料薄膜，使苗床内空气流通。注意放风时间要短，风口要小。放风口应以"开始小些、少些，逐渐增加"为原则，但应注意晴天大些，阴天或刮风时小些，尽量避免不放风。放风口一般从北边放起，这是一个循序渐进的过程，切不可急于求成，骤然加大、加多放风口。

第一片真叶展开到分苗：此时正处于严寒季节，这段时间最高温度掌握在 15～18℃，最高不超过 20℃，最低 3～5℃。下午厢（畦）温降至 12℃时盖草苫，上午揭草苫最低温度为 2～3℃。分苗前 7～8 天内要逐渐加大通风量，以增加幼苗在分苗时对外界环境的适应性。

分苗后温度管理：为促进缓苗，使幼苗长出新根，在分苗后 5～7 天，要把塑料薄膜尽量盖严，用细土封严，以提高厢（畦）内温度。

厢（畦）温降至 16～18℃时盖苫，揭苫最低温度在 6～7℃。由分苗后到定植前这一阶段，平均厢（畦）温不应低于 10℃，以免幼苗经常遭受低温感应而先期显花球，影响产量和品质。这一时期为了尽量延长日照时数，最大限度地延长幼苗光合作用时间，揭苫时间要适当提早，盖苫时间适当延迟。

经过控温育苗和低温锻炼的幼苗表现为茎粗壮、节间短、叶片肥厚、深绿色、叶柄短、叶丛紧凑、植株大小均匀、根系发达。这种壮苗定植后缓苗和恢复生长快，对不良环境和病害的抵抗能力强，是早熟丰产的基础。

（6）起苗与囤苗。起苗前应先浇起苗水，起苗水的次数及大小应根据苗子的大小和厢（畦）土松散程度来决定。一般苗子已达到预定的生理苗龄，并在起苗时不致散坨，浇一次起苗水即可。起苗水可在起苗前 2～3 天浇，起苗时土坨以长 10 厘米×宽 10 厘米×高 8 厘米为宜，土坨过小，会过多伤害根系，不利于移栽定植后缓苗。起苗后将土坨整齐排列在原厢（畦）

内,然后用潮湿土填缝进行囤苗,待 3～4 天新根长出后即可及时定植。

二、松花菜大田栽培

(一)松花菜塑料大棚春季栽培技术

1. 品种选择

选用早熟、耐寒性比较强、成熟期较集中、品质优良的品种。

2. 播种育苗

长江流域一般于 11 月中旬至翌年 2 月初在大棚内播种育苗,采用设施保温育苗技术,3 月上旬定植于大棚内。淮河以北黄河以南地区,如棚内设置小拱棚等多层塑料薄膜覆盖,可于 2 月下旬定植。

3. 整地施肥

施足基肥,一般每亩施有机肥 2000～3000 千克,氮磷钾复合肥 30 千克,加硼肥 1 千克或镁肥 0.5 千克。深耕 20～25 厘米,旋耕碎垡,按 120 厘米开沟定厢(畦),厢(畦)面整平。为了防杂草,可每亩喷施 48% 氟乐灵乳油 80～100 克兑水 75～100 千克,喷于地表,定植前 7～10 天覆盖地膜。

4. 适时定植

当菜苗生长到 4～5 片真叶时即可定植,定植前要求棚内 10 厘米处的地温稳定在 12℃以上,气温稳定在 10℃以上。定植前 20 天左右扣棚膜,覆盖草帘,尽量提高棚温。每厢(畦)定植 2 行,厢上行距 50～60 厘米,株距 45～50 厘米。定植前 2～3 天对苗床浇水,便于起苗,喷施杀菌杀虫剂和营养液,带土、带药、带肥移栽到大田,并埋土于幼苗根基部,使根与土密接,浇定根水,促发新根成活。

5. 田间管理

(1)温度管理。定植后 7～10 天适当提高棚温,白天保持 20～25℃,夜间 13～15℃。不低于 10℃,一般不通风。缓苗后降温蹲苗 7～10 天,白天保持 15～20℃,夜间 12～13℃。超过 25℃即放风降温,防止高温抑制生长和发生茎叶徒长现象。夜间不能长时间低于 8℃,以免提早结球。结球期温度控制在 18～20℃,当外界夜间最低气温达到 10℃以上时,要昼夜大通风,花球出现后控制温度不要超过 25℃。

（2）水肥管理。定植初期不急于浇缓苗水。通风时选晴暖天,定植15 天后进行第一次追肥,每亩施尿素 10～15 千克,施肥后随即浇水,并及时中耕,控水蹲苗。出现花球后,隔 5～6 天浇一次水,追肥 2～3 次。小花球直径达 3 厘米左右时应加大肥水,促花球膨大,每亩追施复合肥15～20 千克,或随水冲施营养液。以后,在整个花球生长期不能缺水,每5～7 天浇一次水,保持地面湿润。在花球膨大中后期,可喷施 0.1％～0.5％硼砂液,每隔 3～5 天喷一次,共喷 3 次,也可加 0.5％～1％的磷酸二氢钾或尿素。

（3）保护花球。花球直径长到 10 厘米以上时,心叶遮掩不住花球,花球受日光直射,易变黄,影响商品价值,这时可将 2～3 片心叶折倒,覆盖在花球上,也可用草绳把上部叶丛束起来遮光。部分品种心叶可以始终包裹花球,自行护花球,不需要折叶盖花球。当花球充分膨大,花球表面致密、圆整、坚实、边缘花枝散开时采收。

（二）松花菜中（小）拱棚栽培技术

1. 品种选择

选择抗寒性好、抗病性强、结球早而整齐、花球洁白、稳产性好、品质优的亚非松花 95、亚非白色恋人 80、矮脚 88、富贵 80、明星 80 等中熟品种。

2. 播种育苗

（1）播种时间。小拱棚夜间盖草帘等防寒保温设施,可在 12 月上中旬。华北地区一般于 12 月下旬至翌年 1 月上旬,采用阳畦冷床育苗。适宜的定植期为 3 月上中旬。

（2）培育壮苗。整地施足基肥,每平方米苗床施腐熟有机肥 10 千克,氮磷钾三元复合肥 0.2～0.3 千克,用旋耕机将肥料与土壤整碎搅拌均匀,按 150 厘米宽开沟定厢(畦),扎竹弓架,播种前 10～15 天盖塑料薄膜,夜间加盖草苫保温。选晴天中午,在厢(畦)内浇足底水,待水渗下后撒播种子,每平方米播种 2 克左右;或在苗床上划长 8 厘米×宽 8 厘米的方格,在方格中间点播种子;有条件的可制成营养钵,每钵播种 2～3 粒。播种后盖过筛细土 1 厘米厚,扣严塑料薄膜,并加盖草苫,出苗前不通风。幼苗生长 2～3 片真叶时分苗,按行株距(8～10)厘米×(8～10)厘米分苗假植,分苗后浇定根水,并扣严薄膜,白天棚内的温度保持在 18～20℃,促进缓苗。缓苗后注意通风,适当降低苗床温度,定植前 5～7 天进行低温炼苗、浇水、切块,此时苗子应具有 4～5 片真叶。

3. 适期定植

(1)整地施肥。种植松花菜的地块,要深耕 20～25 厘米,然后施足基肥,每亩施腐熟农家肥 2000～3000 千克,或商品有机肥 300 千克左右,氮磷钾复合肥 30～40 千克,硼肥 1 千克,旋耕整地,按 120～180 厘米宽开沟起垄或作畦,铺好地膜。

(2)规范定植。当棚内表土温度稳定在 5℃以上,选寒潮已过的晴天无风天气定植。每垄(畦)栽 3～4 行,株距 35～40 厘米。定植前挖好定植穴,把带土坨的幼苗放入穴中;营养钵育苗的可以直接取出放入定植穴里,用土盖好营养块或营养钵,浇好定根水。随定植随扎好支拱架并覆盖塑料薄膜。

4. 田间管理

(1)温度管理。定植后闭棚 7～10 天促缓苗。缓苗后及时通风,控制棚内温度,白天 20℃,夜间 10℃,不能低于 5℃;3 月下旬至 4 月上旬要逐渐加大通风量,以防止高温下植株徒长,白天维持 18℃左右,夜间 13～15℃。当外界最低温度达 8～10℃时,可进行昼夜通风,逐渐加大通风量直至撤棚,转为露地生产。

(2)浇水管理。浇好定植水 7～10 天后,再浇一遍缓苗水,管到长足叶片、株心小花球直径达 3 厘米。浇水过早,易使植株徒长,结球小和散球;浇水过晚,会导致株型小、叶片少、叶面积小,造成营养体不足,花球小,质量差。花球直径达 3 厘米后,要加强肥水供应,以促进花球肥大。

(3)追肥管理。在浇缓苗水时加施营养肥液,莲座期因苗追施 5～8 千克尿素,见花球时每亩追施氮磷钾复合肥 15～20 千克,花球生长中后期喷施 1～2 次叶面肥,促进花球肥大和品质鲜嫩。

5. 适期采收

当花球散开、单个重 1～1.5 千克时,根据市场行情,适期采收。

（三）松花菜春季露地栽培技术

1. 品种选择

松花菜属幼苗春化型作物,不同品种通过春化阶段对低温的要求不一样。因此,春季栽培,宜选用春季生态型耐寒性和抗病性较强、结球较早而整齐、花球洁白、稳产性好、品质优良的亚非白色恋人80、亚非松花65、白玉70、白玉80、富松80、津松75等品种。

2. 播种育苗

为了能在高温到来之前形成花球,必须适期播种。播种时间应结合当地气候条件和品种特性而定。中原和华北地区露地栽培,一般在1月播种。播种育苗方法同塑料大棚春季栽培育苗方式。

3. 整地施肥

最好选用未种过十字花科蔬菜地,前茬作物以瓜类、豆类为宜,前作收获后及时深耕,接纳冬季雨雪冻垡。栽植地施足基肥,每亩施腐熟的优质农家肥2000～3000千克、氮磷钾复合肥30～40千克、硼肥1千克、钼酸铵1千克,用拖拉机旋耕,将肥与土壤混匀耙细,根据当地种植方式开厢(作畦)。定植前10天左右覆盖地膜,以提高地温。

4. 规范定植

(1)定植时间。春季松花菜露地栽培,适时定植很重要,如定植过晚,成熟期推迟,形成花球时正处于高温季节,花球品质变劣;定植过早,常遇寒潮低温,生长点遭受冻害,且易造成先期现球,影响产量。一般在地下10厘米处地温稳定通过8℃左右、平均气温在10℃为定植适期。当寒潮过后开始回暖时,选晴天上午定植。露地栽培定植期一般在3月中下旬。

(2)定植方法。按品种特性合理密植,一般厢(畦)宽130厘米,行距50～60厘米,株距35～40厘米,开挖定植穴,每亩定植早熟品种3500～4000株,中熟品种3000～3500株,中晚熟品种2700株左右。土壤肥力高,植株开展度较大的可适当稀些,反之应稍密些。定植后浇一遍定根水。

5. 田间管理

(1)肥水管理。浇过定根水后4～5天,视土壤干湿状况,干了随即再浇一次缓苗水,也可随水冲入腐熟的肥液。莲座期时视苗情长势及时追肥,每亩追施尿素15千克左右,如果此期缺肥,会造成营养生长不良,花球早出。当部分植株形成小花球后,每亩追施复合肥15~20千克。出现花球后晴天5~6天浇一次水,收获花球前5~7天停止浇水。花球膨大中后期,根外喷肥2~3次,可喷施0.2%~0.3%硼砂液,0.02%~0.05%的钼酸钠或钼酸铵液,也可加施0.3%~0.5%的磷酸二氢钾或尿素液,隔4~5天喷一次,促进花球膨大。

(2)中耕蹲苗。浇过缓苗水后,待地表面稍干,即进行中耕松土,隔5~7天进行一次,先浅后深,提高地温,增加土壤透气性,结合中耕适当培土3~5厘米高,促进根系发育。要适当控制浇水,适度蹲苗。

(3)保护花球。春季露地松花菜生长后期气温较高,日照较强,应采取折叶保护花球。一般在花球横径10厘米左右时,把靠近花球的2~3片外束叶折覆于花球表面,当覆盖叶萎蔫发黄后,应及时更换下层绿叶覆盖。

(四)松花菜夏季露地栽培技术

夏季松花菜的生长都处于高温多雨天气,不利于松花菜的生长,对管理水平要求高。一般都是在北方冷凉地区或南方高山高原地区种植。

1. 品种选择

选择耐热、耐湿、抗病性能比较强、中熟的亚非白色恋人80、矮脚88、富贵80、明星80等优良品种。

2. 适期播种

宜在4月下旬至5月上旬播种。播种过早,易出现花球未成熟而提早抽薹和产生侧芽;播种过晚,立秋后才能收获,达不到栽种夏季松花菜填补市场空缺的目的。黄淮流域地区,若此期不能播种,就会出现因生长期温度太高,花球不能正常生长。夏季松花菜育苗期间,多遇倒春寒、阴雨或冰雹天气,苗床要选择向阳、地下水位低的地块。育苗前7~10天,苗床要施足基肥,每平方米施商品有机肥1~2千克、复合肥0.5千克,拖拉机旋耕碎土,将肥料与土壤混合均匀。按120~130厘米开沟定厢(畦),整平厢(畦)面,浇足底水,均匀撒播种子2~3克/米^2,播后用过筛细土盖种0.5~1厘米,搭小拱棚覆盖塑料薄膜,生长出第一对真叶后揭去薄膜。

3. 施肥整地

选择前茬未种过十字花科蔬菜的地块,深耕 20～25 厘米,施足基肥,每亩施腐熟农家肥 2000～2500 千克,或商品有机肥 300 千克左右,氮磷钾复合肥 30～40 千克,硼肥和钼肥各 1 千克,然后用拖拉机旋耕碎土并将肥料与土混合均匀,按 100～110 厘米开沟定厢,厢面覆盖黑色地膜。

4. 及时定植

苗龄 20～25 天,苗高 10～12 厘米,5 片真叶期,选择茎粗、叶深绿、根系发达的健壮苗定植。行距 50～55 厘米,株距 45 厘米,每亩定植 2500 株左右,选晴天定植,移栽时做到根茎直,栽浅,压紧根部土壤,并立即浇定根水。

5. 田间管理

(1)中耕除草。未采用地膜覆盖的地块,要求中耕除草 2～3 次,中耕要先浅后深,离植株先远后近,植株根部杂草用手拔除,注意不能伤及菜苗根叶,到封垄时停止中耕。

(2)肥水管理。夏季松花菜生长快,需肥量大,一般需追肥 3～4 次。幼苗移栽成活后结合浇水,追施一次水溶性肥;莲座期结合中耕,每亩施尿素 10～15 千克;现花球期每亩施氮磷钾复合肥 20～25 千克。遇伏旱天气,及时顺厢沟灌水,遇大雨及时排涝防渍。

(3)覆盖花球。夏季松花菜花球形成时正值炎热夏天,花球在阳光下暴晒易变成黄色,影响品质。因此,在花球初期,直径 8～10 厘米时,就应把心叶折 2～3 片盖住花球,但叶片不要折断,以保证盖花期间叶片不萎蔫。

(五) 松花菜秋季露地栽培技术

1. 品种选择

松花菜秋季露地栽培,前期正值高温季节,因此必须选用苗期耐热、抗病性强、熟期适中、丰产稳产、品质优良的雪峰 58、白色恋人 65、亚非松花 65、菜花 62、白富美 65、白玉 65、白色恋人 80、亚非松花 95、亚非松花 100、台引 90 等适宜品种。

2. 播种育苗

一般东北、西北地区 5 月中下旬至 6 月初播种,华北地区 6 月中下旬播种,长江流域及以南地区 6 月下旬至 8 月下旬播种。播种过早,病害严重,而且花球形成早,也不利于花球贮藏;播种过晚,植株生长期缩短,花球小,产量低。常采用遮阳网覆盖,降温育苗。

3. 整地施肥

选择地势较高,排水良好,不易发生涝害的肥沃地块种植,前茬最好为番茄、瓜类、豆类、葱蒜类、薯类等非十字花科作物。前作收获后应及时腾茬整地,施足基肥,一般每亩施腐熟农家肥 3000 千克左右,或商品有机肥 300 千克,氮磷钾复合肥 30～40 千克,加施硼、钼微量元素肥料,用拖拉机旋耕整碎土壤,肥料混拌均匀。南方地区按 110～120 厘米开沟起垄,北方地区按 150～200 厘米起埂作畦。

4. 及时定植

采取营养床撒播或营养钵育苗方式的,早熟品种 6～7 片真叶期定植,中熟品种 7～8 片真叶期定植,晚熟品种 8～9 片真叶期定植,随起苗随定植;塑料盘基质育苗的,在 4～5 片真叶期定植。定植行距 50～60 厘米,株距 40～55 厘米,每亩 2000～3000 株。定植前苗床浇透水,待水渗干后进行切块取苗,带土坨移栽,一般在晴天下午或阴天移栽,栽后立即浇水。

5. 田间管理

(1)水分管理。定植后 3～4 天浇一次缓苗水,无雨天气每隔 4～5 天浇一次水。植株生长前期,正值高温多雨季节,既要防旱,又要防涝。松花菜在整个生育期中,有两个需水高峰期:一个是莲座期,另一个是花球形成期。整个生长过程中,应根据天气及松花菜生长情况,灵活掌握浇水,一般苗期掌握小水勤灌,后期随温度降低,蒸发量减少,浇水间隔时间可逐渐变长,忌大水漫灌,采收前 5～7 天停止浇水。

(2)肥料管理。松花菜前期茎叶生长旺盛,需要氮肥较多,至花球形成前 15 天左右、丛生叶大量形成时,应重施一次追肥,每亩施尿素 15 千克左右;在花球分化、心叶交心时看苗情长势,结合浇水追施一次水溶性肥液;花球露出 3 厘米左右时,每亩施氮磷钾复合肥 25～30 千克,后期根外喷施硼、钼微量元素肥料,磷酸二氢钾肥液 2～3 次。

(3)中耕除草。高温多雨易丛生杂草,未采取地膜覆盖的地块,在缓苗后应及时中耕,促进新根生长。一般中耕除草 3 次,中耕要浅,勿伤植株,植株根部杂草用手拔除,后两次中耕可进行根际培土,防止大风刮倒植株,到植株封垄时停止中耕。

(4)覆盖花球。在花球形成初期,把接近花球的叶片折弯,覆盖在花球上,若覆盖叶萎蔫后,及时换叶覆盖。有霜冻地区,应将上部叶片用草绳扎束,保护花球免遭冻害,注意束扎叶片不能过紧,以免影响花球生长。

6. 采收

一般秋季松花菜从 9 月中旬开始陆续采收,气温降到 0℃时应全部采收完。

(六) 松花菜越冬栽培技术

越冬松花菜是在寒冷的冬天不加任何保护、露地安全越冬、2—3 月上市的松花菜,可调节早春蔬菜淡季市场。

1. 品种选择

松花菜性喜温凉,耐寒能力比甘蓝差些,幼苗期耐寒力较强,花球形成期温度过低,不易形成花球。越冬栽培应选择生育期长、耐寒力强、2 月中下旬现蕾、3 月中旬至 4 月上旬收获的品种,无须保护条件,可有效避开寒冬;或可选择 1 月下旬现蕾、2 月中下旬收获的耐寒品种,遇到特殊的寒冬天气、花球发育期气温过低的情况下,可适当覆盖塑料薄膜加以保护,同时应选择心叶自然向中心或扭转保护花球免受霜害的优良品种,如松不老 130、雪丽 120、种都高科瑞松 108 等晚熟品种。

2. 培育壮苗

(1)整理苗床。选择地势高燥、排水通畅、通风良好、肥沃疏松的地块,作为育苗地。每平方米施腐熟畜禽粪 5 千克,或商品有机肥 3～5 千克,氮磷钾复合肥 0.5 千克,用拖拉机旋耕 2 遍,整碎土垡,肥土混匀。

(2)适期播种。8 月下旬—9 月上旬播种,播种前 2～3 天将苗床浇足底水,待水渗干后在厢面上划成 10 厘米×10 厘米方格,在方格中间点播种子 1～2 粒,播种后覆盖过筛细土 1 厘米厚。因播种季节高温多雨,阳光强烈,需架设拱棚,上盖遮阳网,以降温保湿,同时可防暴雨冲击幼苗。播种

3～4 天幼苗出齐后,应及时撤去遮阳网,换上防虫网,以防小菜蛾等害虫危害。1 周后子叶展开,即应间苗,每穴留 1 株健壮苗。每隔 3～4 天浇一次水,保持苗床湿润。当幼苗长出 3～4 片真叶时,追施一次水溶性肥或尿素液。

3. 适期定植

选择前茬非十字花科作物地块,收获后随即施肥整地,每亩施腐熟农家肥 3000 千克左右,或商品有机肥 300 千克左右,氮磷钾复合肥 40～50 千克,先深耕 20～25 厘米,再旋耕 2 遍,南方地区按 100～120 厘米宽开沟起垄,北方地区按 200 厘米宽作畦。当苗龄 30 天左右,幼苗长出 6～7 片真叶时,选择阴天或晴天傍晚定植,随即浇定根水。定植行距 55～60 厘米,株距 50～55 厘米,每亩 2000～2200 株,大小苗分开定植,便于田间管理。

4. 田间管理

(1)肥水管理。定植缓苗后,及时中耕,适当蹲苗,促根系生长,7～10 天后每亩追施复合肥 20～25 千克,浇一次透水。出现长时间晴天,每隔 1 周浇一次水,保持土壤相对湿度在 70%～80%。显露花球后每亩追施 10～15 千克尿素和 5～10 千克钾肥。花球直径达 9～10 厘米时,进入结球中后期,应再追尿素 15～20 千克/亩。深冬期间不要浇水,北方早春土壤解冻后及时浇水。

(2)严寒保温。露地越冬松花菜正常年份不需保温措施,可以安全越冬。如遇冬季频繁剧烈变化的严寒天气,避免意外损失,深冬季节气温降到 10℃时,应及时用塑料薄膜覆盖,当气温升高时,晴天白天将薄膜两边揭开,以防水湿气太重,造成植株外叶枯黄。注意夜间盖严薄膜防冻。

(3)覆盖花球。松花菜花球在日光照射下,容易造成花球由白色变成浅黄色,进而变成紫绿色,使花球质地变粗,品质降低。因此,在花球直径达 10 厘米以上时,可将近花球的 2～3 片叶束住或折覆于花球表面,防止日光直射,但不要将叶片折断。

5. 适期采收

当花球充分膨大、花球边缘花枝松散开时采收。

第三章 结球甘蓝绿色生产技术

在世界范围内,千余年来,人们依据结球甘蓝食用部位的形态特征、引入地域特色以及驯化主体等因素,先后给其命名了 60 多种不同的称谓。在中国,结球甘蓝因其富含葡萄糖,吃起来有淡淡的甜味而称"甘",那蓝绿色的外叶叶片又和我国原有的蓼蓝等染料作物很相似,所以定名为甘蓝,别名有洋白菜、包菜、圆白菜、卷心菜、莲花白、高丽菜等。结球甘蓝是十字花科芸薹属甘蓝种中顶芽或腋芽能形成叶球的变种,为二年生草本植物。食用部分为叶球,质地脆嫩,营养丰富,富含维生素 C、叶酸、磷和钙。有杀菌、消炎、治疗溃疡、润肠通便的功效。

以叶球的形状,结球甘蓝可分为扁圆球型、圆球型和尖球型三类。扁圆球型植株较大,外叶呈团扇形,叶球顶部扁平,整个叶球呈扁圆形。圆球型植株中等,叶片较少,叶球顶部圆形,整个叶球呈圆球形或高圆球形。尖球型植株较小,叶片长卵形,叶球顶部尖圆,整个叶球呈心脏形,大型者称牛心,小型者称鸡心。

第一节 结球甘蓝的起源与传播

一、结球甘蓝的起源

结球甘蓝的祖先是野生甘蓝,起源于地中海至北海沿岸。这些野生甘蓝通常为非结球甘蓝,多年生,半灌木状,高达 150 厘米左右。

在公元前 2500—前 2000 年就已经开始栽培,最初为野生不结球一年生植物。

经人工选择,13 世纪出现结球松散的甘蓝品种,普通结球甘蓝和紫甘蓝在德国出现。

二、结球甘蓝的传播

(一) 在世界范围的传播

相传最早栽培甘蓝的是居住在西班牙的古代伊比利亚人,后甘蓝传到古希腊、古埃及、古罗马。约在 9 世纪,一些不结球的甘蓝已成为欧洲国家广泛种植的蔬菜。

结球甘蓝在 16 世纪传入加拿大和中国,17 世纪传入美国,18 世纪传入日本,后传遍世界各地。

(二) 结球甘蓝在我国的传播

相传结球甘蓝传入我国的途径大约有 5 条。

第一条是经由西域(今中亚地区)传入西北、华北地区。结球甘蓝从中亚沿着丝绸之路传入我国新疆等西北地区的时期,至少可以追溯到明代末期。

第二条是从缅甸传入我国的云南等西南地区。据专家查证,明嘉靖四十二年(1563 年)编纂的《大理府志》已有关于莲花菜的著录。莲花菜就是现今的结球甘蓝,初生叶呈卵圆形或椭圆形,其后叶片呈莲座状,称莲座叶,莲座期后的叶片才逐渐抱合形成紧实的叶球。莲花菜的称谓就是以其叶片的形态犹如莲座的特征而命名的。由此可以得知,在公元 16 世纪的上半期,结球甘蓝已沿着滇缅边境的商业通道从缅甸传入我国云南。

第三条是由俄罗斯引入我国黑龙江等东北地区。据王锡祺录的《小方壶斋舆地丛钞》等清代地方文献资料:清朝初年从俄罗斯的远东地区把结球甘蓝引入我国的黑龙江地区,并以其引入地域的名称命名,称其为俄罗斯菘,当地人还把它称为"老枪菜"或"老羌菜"。徐珂的《清稗类钞·植物类》介绍说:"俄罗斯菘一名老枪菜,抽薹如莴苣,高二尺许,叶层层,其末层叶叶相抱如毬,略似安(肃)菘。""安菘"即指产于直隶安肃(今河北徐水)的结球大白菜;"叶叶相抱如毬(球)"也道出了包心的特征。关于引入年代,大致可以确定在公元 17 世纪的后半期。

第四条途径是近代从欧、美两洲传入我国首都北京及东南沿海地区。

在频繁的品种间交流的过程中,鉴于结球甘蓝叶球多呈黄白色,又可有圆球、圆锥或扁圆等几种类型,各地多以白菜(指结球甘蓝)、芥蓝(指球茎甘蓝),再结合其引入地域的标识"洋""外洋""番"等字样联合命名,这样就得出洋白菜、外洋白菜、番白菜、比京白菜、大圆白菜、紧团白菜等称谓。其中,比京白菜的"比京"特指比利时首都布鲁塞尔;大圆白菜和紧团白菜,据考证是分别在光绪三十四年(1908年)和宣统三年(1911年)由清朝驻外使臣钱恂和吴宗濂自荷兰和意大利将结球甘蓝引入北京时所正式书写的意译名称。

我国的国家标准《蔬菜名称(一)》把结球甘蓝作为正式名称,其拉丁文学名的变种加词"capitata"亦有"头状"的含义。

第五条途径是近代从朝鲜和日本引入我国东南沿海。由于当时的日本还在侵占着朝鲜和我国台湾,引入以后,人们多以朝鲜半岛的古称高丽命名,称其为高丽菜。其实早在公元14世纪的元代,在我国北方已有高丽菜的称谓出现。熊梦祥在《析津志·物产·菜志》中载有"高丽菜:如葵菜,叶大而味极佳,脆美无比"等内容。当然,那时的高丽菜还处在散叶类型状态。我国台湾地区至今还在沿用这个名称。而玉菜的称呼,则是源于日文的汉字称谓。

第二节　结球甘蓝的发展概况

一、结球甘蓝生产的经济价值

结球甘蓝生育期短,可与多种粮食作物、经济作物连作复种、套种,因其抗寒性强,能够充分利用冬季发展蔬菜生产,填补冬季和早春蔬菜淡季市场,保障城乡居民需求。

(一)全球结球甘蓝生产情况

根据FAO数据库资料,全球结球甘蓝自1961年以来,种植面积逐年增加,单产水平不断提高,总产量保持稳定增长。1961年,全球结球甘蓝种植面积为 135.2 万公顷,每公顷单产 17285 千克,总产量 2339.6 万吨;2000 年,种植面积达到 271.0 万公顷,单产 27725 千克/公顷,总产量 7512.8 万吨;2020 年,种植面积 241.4 万公顷,单产提高到 29351.2 千克/公顷,总产量稳定在 7086.2 万吨(表 3-1)。从人均结球甘蓝占有数量看,1961 年为 7.85 千克,2000 年为 12.21 千克,2020 年为 9.08 千克。

表 3-1　1961—2020 年全球结球甘蓝生产情况

单位:万公顷、千克/公顷、万吨

年份	1961	1970	1980	1990	2000	2010	2020
面积	135.2	134.5	156.0	165.0	271.0	230.6	241.4
单产	17285	20701	22958	23845	27725	28559	29351.2
总产量	2339.6	2784.1	3581.3	3935.3	7512.8	6585.8	7086.2

资料来源:联合国粮食及农业组织(FAO)数据库。

全球种植结球甘蓝最多的是亚洲,2020 年种植面积 174.3 万公顷,占全球面积的 72.2%,总产量 5186.4 万吨,占全球产量的 77.4%;其次是欧洲,2020 年结球甘蓝种植面积 31.7 万公顷,总产量 961.7 万吨,分别占全球的 13.1%、13.6%;第三位的是美洲,近 20 年来,种植面积不断在减少,由 2000 年的 16.5 万公顷减少为 2020 年的 6.6 万公顷,总产量也由 2020 年的 362.0 万吨减少至 233.2 万吨(表 3-2)。

表 3-2　1961—2020 年亚洲、欧洲、美洲结球甘蓝生产情况

单位:万公顷、千克/公顷、万吨

地区	年份	1961	1970	1980	1990	2000	2010	2020
亚洲	面积	53.5	51.8	67.5	82.5	189.7	161.5	174.3
	单产	147193	193781	235457	249682	304655	308145	314854
	总产量	787.2	1003.7	1589.1	2060.2	5779.0	4977.3	5486.4
欧洲	面积	70.0	70.2	73.5	66.8	54.5	41.9	31.7
	单产	192285	216116	231235	231100	215989	256552	303539
	总产量	1346.5	1516.1	1699.1	1543.6	1177.5	1075.7	961.7

续表

地区	年份	1961	1970	1980	1990	2000	2010	2020
美洲	面积	9.8	10.2	11.7	11.6	16.5	7.0	6.6
	单产	164163	205260	182366	203991	219803	309142	353453
	总产量	161.5	209.3	212.5	236.7	362.0	214.9	233.2

资料来源:联合国粮食及农业组织(FAO)数据库。

(二)我国结球甘蓝生产情况

1. 结球甘蓝的优势产区

据统计,2020 年我国结球甘蓝种植面积 1400 万亩,总产量 3420 万吨,平均亩产 2443 千克。种植面积占全球总面积的 40.6%,总产量占全球的 48.3%。

我国结球甘蓝生产有四大优势区:第一是北方结球甘蓝优势区,种植面积 480 万亩,占全国种植总面积的 34.3%,主要是圆球类型,少数是扁圆球类型;第二是长江中下游结球甘蓝优势区,种植面积 400 万亩,占全国总面积的 31.4%,种植品种主要为扁圆球和牛心类型,近年来圆球类型再增加;第三是华南结球甘蓝优势区,种植面积 260 万亩,占全国总面积的 18.6%,种植的品种类型以扁圆球为主,部分为圆球;第四是西南结球甘蓝优势区,种植面积 220 万亩,占全国总面积的 15.7%,种植品种主要是扁圆球类型和牛心类型,云南是圆球类型较多(表 3-3)。

表 3-3 中国结球甘蓝产区分布及生产情况

省份	产区	主要播期	上市时间	种植面积/万亩	主销品种
湖北	荆门、宜城、天门、嘉鱼	8月上旬—8月中旬	翌年1月下旬—3月下旬	11	思特丹、楚禾五号、元通
		8月中旬—8月下旬	11月中旬—翌年2月上旬	7	旺旺系列、丽丽

续表

省份	产区	主要播期	上市时间	种植面积/万亩	主销品种
江苏	徐州市沛县	11月上旬—12月下旬	3月上旬—4月下旬	2	美味早生
		7月中旬—8月中旬	10月上旬—12月中旬	2	绿宝50、先甘097
	东台市、南通市	7月上旬—8月上旬	10月中旬—12月中旬	3.5	阳阳、绿宝石
		12月中旬—2月中旬	4月上旬—5月下旬	2	极早、黄金甲
浙江	宁波市	7月中旬—9月上旬	10月中旬—翌年3月上旬	1	丽丽、黄金甲
	杭州市萧山区	8月中旬—8月下旬	11月中旬—2月中旬	1	旺旺、金球
山东	莒南/大棚	8月中旬—9月下旬	1月上旬—3月下旬	1	世农2000
	菏泽、青州	7月上旬—7月下旬	10月上旬—11月下旬	2	绿甘十五、韩绿
贵州	威宁县	2月中旬—7月上旬	5月上旬—11月上旬	10	双喜、奥奇丽
云南	玉溪通海	2月上旬—8月下旬	5月上旬—12月上旬	2	云绿1317、金典60、帝王60等
		9月上旬—12月上旬	12月上旬—4月上旬	2	先甘097
	红河石屏县	5月上旬—9月上旬	8月上旬—12月中旬	4	金典60、地中海、先甘097等
广东	广州、惠州、江门、肇庆等地	8月下旬—10月上旬	11下旬—翌年1月下旬	2	丽丽、前途、希望
		12月上旬—1月上旬	3月中旬—4月上旬	1	丽丽、前途、希望

续表

省份	产区	主要播期	上市时间	种植面积/万亩	主销品种
福建	漳州	8月下旬—10月中旬	12上旬—2月上旬	2	绿抗九号、丽丽
		11月下旬—1月中旬	3上旬—4中旬	1	美丽
甘肃	定西市安定区	2月下旬—3月中旬	6月下旬—7月中旬	1	抗病中甘21、如意绿等
		3月中旬—5月中旬	7月中旬—8月下旬	3	先甘520等
		5月中旬—6月上旬	9月上旬—10月上旬	1	先甘520、丽丽、抗病中甘21、如意绿等
	定西市临洮县	11月下旬—12月上旬	4月下旬—5月上旬	0.2	美味早生等
		1月上旬—2月上旬	5月中旬—6月下旬	0.5	刑甘23等
		4月中旬	7月中旬—8月上旬	0.3	先甘520等
		5月下旬—6月上旬	8月下旬—9月中旬	0.5	先甘520等
		6月中旬—6月下旬	9月中旬—10月中旬	0.5	先甘520、丽丽等
	兰州市榆中县	2月下旬—3月上旬	6月中旬—7月上旬	0.2	格林等
		5月下旬—6月上旬	8月下旬—9月下旬	0.3	先甘520、丽丽等
陕西	关中	10月下旬—11月下旬	3月下旬—4月中旬	0.5	中甘56等
		11月下旬—12月中旬	4月下旬—5月中旬	1	中甘56、中甘628、刑甘23等

续表

省份	产区	主要播期	上市时间	种植面积/万亩	主销品种
陕西	关中	6月上旬—7月下旬	9月下旬—11月下旬	1.5	绿冠、丽丽、华美、中甘15等
	榆林市靖边县	2月下旬—3月中旬	6月上旬—6月下旬	0.2	亮球、艾丽等
		3月下旬—5月上旬	7月上旬—8月下旬	0.5	丽丽、艾丽、楚甘662等
		5月下旬—6月上旬	9月上旬—9月下旬	0.3	丽丽、艾丽、捷甘250等
	宝鸡市太白县	4月上旬—6月下旬	8月上旬—10月上旬	0.5	绿琦等
青海	西宁市大通县	3月下旬—4月中旬	6月中旬—7月上旬	0.1	极早、小龙女、绿球
		4月下旬—5月中旬	7月中旬—8月下旬	0.7	绿球、极早等
		5月下旬—6月上旬	8月下旬—9月中旬	0.1	绿球、极早等
宁夏	银川市、吴忠市	2月中旬—3月上旬	5月下旬—6月上旬	0.4	中甘21、中甘15、骑士、小龙女等
		6月中旬—6月下旬	9月中旬—10月中旬	0.6	佳美特、绿海、小龙女等
山西	长治市长子县，晋城市陵川县	2月下旬—3月上旬	6月上旬—7月上旬	0.8	中甘15、邢甘23、邢甘30
		5月上旬—6月下旬	8月下旬—10月上旬	1	绿霸、领先、铁头、真强夏季、世农303、新上将
	运城市新绛县、夏县、稷山县、永济市	11月下旬—1月上旬	4月下旬—5月上旬	0.5	绿球、亮球、金绿美、世农200
		6月下旬—7月下旬	9月下旬—11月上旬	0.5	丽丽、亮球、金典

续表

省份	产区	主要播期	上市时间	种植面积/万亩	主销品种
山西	朔州市应县、大同、天镇县、阳高县、怀仁县	2月下旬—3月上旬	6月下旬—7月上旬	0.5	抗病中甘21、邢申系列
		5月下旬—6月下旬	9月上旬—10月上旬	1	丽丽、绿霸、京丰1号、世农303
	晋中市寿阳县、太谷区	2月下旬—3月上旬	6月上旬—7月上旬	1	中甘15、金典、金绿、绿月、多丽、新丽绿
		5月下旬—7月上旬	8月上旬—10月下旬	1.2	丽丽、绿霸、领先、强势、芳华
河南	郑州市中牟县，开封市通许县、焦作市博爱县，灵宝市，汝州市，洛阳市	11月下旬—12月上旬	3月下旬—4月上旬	1	春早美、中甘56、春天宝贝
		1月上旬—2月下旬	4月下旬—6月上旬	1	中甘21、中甘27、春早美、美丽、鸿泽韩绿
		6月上旬—7月下旬	9月上旬—11月下旬	1.5	丽丽、阳阳、墨玉50、美丽、荣耀、福阳二号、米亚罗、楚甘662、京丰1号、润玉
河北	张家口市张北县	4月上旬—6月上旬	6月下旬—9月下旬	3	先甘011，中甘628等
	张家口市沽源县	4月上旬—6月上旬	6月下旬—9月下旬	4	绿玲珑、华耐绿冠、韩绿等
	秦皇岛市昌黎县	6月下旬—7月下旬	9月下旬—11月上旬	3	前途、丽丽等
	邯郸市永年区	11月中旬—12月上旬	3月上旬—4月上旬	1	中甘56、碧春等
		12月中旬—1月上旬	4月上旬—4月下旬	0.5	中甘56、博美48等
		1月中旬—2月上旬	5月上旬—6月上旬	1	先甘011等
		7月中旬—8月上旬	10月中旬—12月上旬	2	先甘011、久盛等

续表

省份	产区	主要播期	上市时间	种植面积/万亩	主销品种
河北	唐山市滦南县	8月上旬—10月上旬/暖棚接辣椒茬	11月上旬—2月上旬	0.5	8398、绿宝石、3012等
内蒙古	包头市麻池镇	2月下旬—3月下旬	5月中旬—6月下旬	1	春宝、佳美特等
		5月中旬—6月上旬	8月下旬—10月上旬	1	春宝、佳美特等

资料来源:根据相关资料整理。

2. 结球甘蓝生产变化特点

从全国结球甘蓝种植类型的变化来看,圆球类型在南方种植面积逐年增加,扁圆球类型种植面积逐步调减;牛心作为南方的特色类型,品质较好,未来有渗入北方市场的趋势和潜力。

在原有高山及高原冷凉地区越夏种植的基础上,华北及西北冷凉地区种植面积呈增长趋势,主要外运至长江中下游地区,满足夏季市场消费的需求。

二、结球甘蓝的营养保健价值

结球甘蓝可作为蔬菜和饲料,主要食用部位为叶球,营养丰富,热量低,是温带大多数国家的主要蔬菜之一。

(一)结球甘蓝的营养成分

据检测,结球甘蓝每100克鲜菜中,含热量71.4千焦,水分94～95克,糖类3.0～3.5克,蛋白质1.1克,膳食纤维0.5～1.1克,脂肪0.2克,维生素A约20微克,维生素C 25～40微克,维生素E约0.76毫克,钙约50毫克,磷约30毫克,铁约0.7毫克,钾约120毫克,锌约0.25毫克。此外,结球甘蓝富含叶酸,怀孕的妇女及贫血患者应当多吃;含葡萄糖芸薹素和吲哚-3-乙醛,前者含量嫩叶为 $0.5\%\sim0.9\%$,老叶为 $0.05\%\sim0.20\%$;含酚类成分黄酮醇、花白苷和绿原酸、异硫氰酸烯丙酯;含抗甲状腺物质,但这种抗甲状腺物质在烹调加热以后即消失。

(二)结球甘蓝的药用价值

《千金·食治》中记载,结球甘蓝味属"甘、平,无毒,久食大益肾,填髓脑,利五脏六腑"。《本草拾遗》中提到结球甘蓝可以"补骨髓,利五脏六腑,利关节,通经络中结气,明耳目,健人,少睡,益心力,壮筋骨。治黄毒,煮作菹,经宿渍色黄,和盐食之,去心下结伏气"。

1. 降血脂

结球甘蓝中的维生素 C 能抑制胆固醇合成酶的活化,降低胆固醇合成的速率,并能加速低密度脂蛋白降解,从而降低甘油三酯的含量,有助于降血脂;并且结球甘蓝热量低,血脂高的肥胖患者可以经常食用。

2. 治疗胃溃疡

结球甘蓝含维生素 U 甚多,维生素 U 有防治胃溃疡的作用;富含粗纤维,可以促进胃肠蠕动,达到促进消化、润肠通便的作用。

3. 调节糖代谢

结球甘蓝中富含维生素 E,可促进人体胰岛素的生成和分泌,调节糖代谢。

此外,还有补骨髓、润脏腑、益心力、壮筋骨、清热止痛、提高人体免疫力、预防感冒等作用。

(三)结球甘蓝的饮食文化

结球甘蓝作为膳食,自古人们就认识到其保健价值,在世界各国形成了不同的吃法。欧美地区人们以鲜食为主,最典型的两种吃法是汉堡包甘蓝夹层和沙拉凉拌,保留了甘蓝原口味和营养价值,后来人们将其与水果一起拌沙拉,口味丰富,营养全面,且五颜六色,可提高食欲。现在这两种吃法,在我国的餐桌上也很常见。

结球甘蓝传入我国,传承和发展着饮食文化。在 20 世纪 70—80 年代,因为甘蓝易于种植、产量高、成本低,成为家家户户流行菜品之一。吃法各式各样,除了鲜食,还有炒、炝、煮等多种烹制方式,也可做凉菜、泡菜、腌菜、脱水菜,还可以包水饺。在我国北方主要以凉拌和炒食为主;在西南地区主要以腌制泡菜为主。制干菜即脱水甘蓝,广泛应用于各种方便食品和保健食品,也是出口日本、东南亚和欧盟的一种主要加工产品。

第三节　结球甘蓝品种选育与推广

一、结球甘蓝育种概况

(一) 结球甘蓝种质资源的研究与利用

1. 种质资源的搜集引进与保存

世界各国都十分重视结球甘蓝种质资源的搜集、保存和研究工作。据欧洲芸薹属数据库资料记载,欧洲搜集、保存甘蓝类种质资源 10414 份,其中结球甘蓝 4437 份;美国搜集、保存甘蓝类蔬菜种质资源 1907 份,其中结球甘蓝 1000 余份。

结球甘蓝传入我国已有几百年的历史,经我国各地区的栽培驯化和选择,形成了适于各地不同生态条件的地方品种。20 世纪 50—60 年代,我国各地开展了群众性蔬菜种质资源的调查、搜集、整理工作;1964 年,全国主要农业科研、教学单位保存的甘蓝种质资源达 414 份;20 世纪 80 年代初开始,中国农业科学院蔬菜花卉研究所在国家有关种质资源研究项目的支持下,再次组织全国各地有关科研、教学单位进行甘蓝的种质资源搜集、保存工作;到 2015 年,国家种质资源库已搜集、保存国内外甘蓝类蔬菜种质资源 551 份,其中结球甘蓝 224 份。经鉴定评价,筛选出一批抗病、抗逆等性状表现优异的地方甘蓝品种资源。

2. 国外种质资源的引进

20 世纪 50—60 年代,中国农业科学院蔬菜研究所等单位,从欧洲、北美洲各国以及亚洲的日本等国,引进一大批甘蓝种质资源,有不少在生产上被直接利用。1991—2010 年,中国农业科学院蔬菜花卉研究所,从美国、日本、荷兰、俄罗斯等 20 多个国家,引进甘蓝种质资源 1479 份次。在这些种质资源中,很多是这些国家的种子企业或科研、教学单位最新育成的优良一代杂交种或常规品种,既有抗黑腐病、抗枯萎病、耐寒、耐热、耐裂球、球型球色好、品质优异的品种,也有珍贵的原始育种材料。这些引进的种质资源进一步丰富了我国甘蓝种质资源库,促进了甘蓝杂种优势利用和抗病、抗逆、优质育种的发展。

(二)国内外结球甘蓝育种情况

1. 国外结球甘蓝育种

约在 13 世纪,欧洲形成结球甘蓝之后,经过人工栽培和选择,培育出各种不同类型的结球甘蓝早期品种。许多地方农家原始种由种植者自己留种,长期在生产上使用。19 世纪中期到 20 世纪初,美国栽培的 9 个主要甘蓝品种有 7 个是先后引自欧洲、2 个由美国有关种子公司选育。

自 20 世纪 20 年代开始,美国、日本、苏联及西欧的一些国家相继开展了甘蓝杂种优势利用研究,发现甘蓝在产量、抗病性、早熟性等方面杂种优势明显。1950 年,日本泷井种苗公司,首先利用自交不亲和系配制出世界上第一个甘蓝杂交种长冈 1 号;1954 年,伊藤确立了利用自交不亲和系生产一代杂交种的体系;1958—1974 年,日本培育 221 个甘蓝品种,其中杂交种 191 个,占 87%,1966 年以后培育出的新品种几乎均为一代杂交种。1980 年,美国育成的 14 个甘蓝新品种,全部为一代杂种。1973—1976 年,欧洲共同体各国培育出 128 个甘蓝新品种,一代杂种占 40% 以上。俄罗斯 20 世纪 80 年代以后生产上大部分使用杂交一代种。

20 世纪 70—80 年代开始,美国、日本及西欧各国在甘蓝抗黑腐病、枯萎病、根肿病、病毒病育种上也取得很大的成就,耐未熟抽薹、耐寒、耐裂球、耐贮运、适于加工和机械化收获的专用品种选育均获得成功。20 世纪 90 年代开始,小孢子或花药培育、原生质体融合、分子标记、转抗虫基因等生物技术在甘蓝育种中逐渐与常规育种技术相结合,有些生物技术如小孢子培养等细胞工程技术、分子标记辅助育种技术等已经在甘蓝育种中实用化,有效地提高了育种效果。

2. 我国结球甘蓝育种

16 世纪开始,甘蓝通过不同途径逐渐传入我国,经过我国劳动人民长期的栽培驯化,形成一些各具特色的地方品种。

20 世纪 50 年代以前,我国栽培的甘蓝品种,不仅数量少,而且产量低,结球率一般只有 70%～80%。当时与甘蓝育种有关的科学试验工作,多为引进甘蓝品种比较试验。20 世纪 50 年代以来,我国甘蓝遗传育种研究得到迅速发展,其发展历程大致可分为以下几个阶段。

(1) 国外品种的引进、地方品种的搜集整理与系统选育。20 世纪 50—60 年代,华北农业科学研究所、中国农业科学院蔬菜研究所、北京市农业科学研究所等,由国外引进的早熟、丰产、品质好的品种,在北方作为早熟春甘蓝推广应用。

20 世纪 50 年代中期到 60 年代中后期,一些科研单位采用系统选育方法,培育出一批甘蓝新品种。

(2) 利用杂种优势育种。我国甘蓝杂种优势利用研究起步于 20 世纪 50 年代末 60 年代初,但直到 20 世纪 70 年代初才在生产中实际应用。

20 世纪 70 年代初,中国农业科学院蔬菜研究所与北京市农业科学院蔬菜研究所合作,于 1973 年育成我国第一个甘蓝杂交种京丰 1 号,不仅产量高,比两个亲本增产 30% 以上,而且适应性广、抗逆性强、整齐度高,因而在我国各地迅速推广应用,2000 年前后,年种植面积达到 33.33 万公顷,直到 2013 年,仍是国内种植面积最大的甘蓝品种。到 20 世纪 80 年代中期,我国甘蓝杂交种种植面积占甘蓝种植总面积的 80% 以上。

(3) 开展抗病育种。随着甘蓝种植面积的扩大,病害对甘蓝特别是对夏秋甘蓝的危害日益严重,在病害流行年份秋甘蓝病毒病、黑腐病发病株率达到 30%～40%,有的地块达 70% 以上。为解决甘蓝生产上病害日益严重的问题,从 1983 年开始,甘蓝的抗病育种被列为国家重点科技协作攻关课题,中国农业科学院蔬菜花卉研究所牵头,组成甘蓝抗病育种协作攻关组,经过 10 余年的努力,建立了甘蓝主要病害的多抗性苗期人工接种鉴定技术和标准,创制了我国首批抗病毒病兼抗黑腐病的抗病材料,育成中甘 8 号、中甘 9 号、西园 2 号、西园 3 号、西园 4 号、秦甘 3 号、秦甘 4 号、东农 607 等抗病秋甘蓝新品种，以及中甘 11、东农 605 等早熟、抗干烧心病的春甘蓝新品种。

（4）开展生物技术研究与常规育种相结合。20 世纪 90 年代中期到 21 世纪初，甘蓝育种目标除继续重视抗病、抗逆、丰产外，还把优质作为最重要的育种目标，育成的品种不仅抗 2～3 种病害，而且要求叶球外观符合市场需求，叶质脆嫩，帮叶比 30% 左右，叶球紧实度 0.5 以上，中心柱长度不超过球高的 1/2。在育种技术上，甘蓝显性核基因雄性不育系选育获得突破，改良的萝卜胞质雄性不育系的引进和转育获得成功，配制出了中甘 17、中甘 18、中甘 21、中甘 192、中甘 96、中甘 101 等甘蓝新品种。小孢子培养、分子标记辅助育种和转 Bt 抗虫基因育种在甘蓝育种材料创制中发挥了重要作用。近年甘蓝基因组测序工作已完成，这些研究成果有力地促进了我国甘蓝遗传育种水平的提高。

二、结球甘蓝的品种类型

结球甘蓝分类方法较多，有的按植物学分类，有的按叶球形态、栽培季节、成熟期早晚分类，还有的按其生态特点分类。

（一）按植物学分类

依叶球的颜色及性状可分为白球甘蓝类型、赤球甘蓝类型和皱叶甘蓝类型。

1. 白球甘蓝类型

叶面平滑，无显著皱褶，叶中肋稍突出，叶色绿至深绿，为我国和世界各地栽培普遍、种植面积最大的一个类型（图 3-1）。

图 3-1　白球甘蓝类型

2. 赤球甘蓝类型

叶面平滑而无显著皱褶，但其外叶及球叶均为紫色。栽培面积较小，在一些地方作为特菜栽培（图 3-2）。

图 3-2　赤球甘蓝类型

3. 皱叶甘蓝类型

叶色似白球甘蓝，绿色至深绿色，但叶片因叶脉间叶肉发达、凹凸不平使叶面呈现皱褶。球叶质地柔软。在部分地区也作为特色蔬菜栽培，种植面积很小（图 3-3）。

图 3-3　皱叶甘蓝类型

(二) 按叶球形状分类

可分为扁圆球甘蓝类型、圆球甘蓝类型、尖球甘蓝类型三种,也是常用的分类方法。

1. 扁圆球甘蓝类型

叶球扁圆、较大,多数为中晚熟类型,冬性较强,作春甘蓝种植时不易发生未熟抽薹,其中一部分冬性极强,一般抗病、耐热、耐寒性较好。该类型大多数品种完成阶段发育对光照长短不敏感。采种种株开花早,花期一般 30~40 天,种株高度介于圆球类型与尖球类型之间。我国各地春夏季栽培的中晚熟甘蓝及秋冬甘蓝多为这种类型。该类型中有些球型高扁圆的品种,其抗寒性强,叶球紧实,叶片厚,极耐裂球,完成阶段发育除需要低温外,还需要较长光照条件才能抽薹开花。如亚非春秋 65、亚非冬大将、亚非双喜、秋甘 14、西园秋丰、西园冬秀、京丰 1 号等(图 3-4)。

图 3-4 扁圆球甘蓝类型

2. 圆球甘蓝类型

叶球圆形或近圆形,多为早熟或中熟品种,叶球紧实,球叶脆嫩,品质较好,一般春秋种植。但此类型中部分品种冬性较弱,作春甘蓝种植时,如播种过早或栽培管理不当易发生未熟抽薹,一般抗病、耐热、耐寒性较差。完成阶段发育除低温外,还需要有较长时间的光照。采种种株开花晚,花期长达 40~50 天,种株高度可达 150 厘米以上。如极早、小龙女、春天宝、丽丽、旺旺、阳阳、中甘 628、中甘 56、苏甘 60 等(图 3-5)。

图 3-5　圆球甘蓝类型

3. 尖球甘蓝类型

也称牛心型,叶球顶部尖,多为早熟品种,一般冬性较强,作为春甘蓝种植不易未熟抽薹,抗病、耐热性差,但抗寒性较强,完成阶段发育对光照长短不敏感。采种种株开花早,种株高 100～120 厘米,花期 30 天左右。这种类型一般在全国南北各地作春季早熟品种栽培。如亚非惊春、苏甘 65、春秋婷美、早生翠美等(图 3-6)。

图 3-6　尖球甘蓝类型

（三）按栽培季节分类

一般可分为春甘蓝、夏甘蓝、秋冬甘蓝三种类型。

1. 春甘蓝

冬季播种育苗、春季栽培的类型。该类型的品种一般品质较好,但抗病、耐热性较差。按其成熟期又可分为早、中、晚熟春甘蓝。早熟春甘蓝定植后45～60天可收获,叶球多为圆球形或尖球形。中、晚熟春甘蓝品种定植后70～90天可收获,叶球多为扁圆形。如亚非惊春、极早、小龙女、春天宝、四月鲜、四月帅、中甘26、中甘27、中甘D22等。

2. 夏甘蓝

一般指在二季作地区4—5月播种、8—9月收获上市的品种类型。该类型品种一般耐热、抗病性较好,叶色较深,叶面蜡粉较多,多为圆形的中熟品种。但近年在高海拔的高山或高纬度的高原等夏季冷凉地区,一般种植早熟圆球类型品种或中熟扁圆类型品种,其栽培面积呈逐年增加的趋势。如先甘520、亚非丽丽、先甘011等。

3. 秋冬甘蓝

7—8月播种,秋季收获上市的品种类型。该类型品种一般抗病、耐热性较好,按成熟期可分为早、中、晚熟秋冬甘蓝。早熟品种多为圆球或近圆球形,定植后55～65天可收获。中、晚熟品种一般分为扁圆球和圆球两种类型,定植后65～90天可收获。近年长江中下游地区增加了8—9月播种,带球露地越冬的冬甘蓝,多为高扁圆形或扁圆形,也有部分圆球甘蓝,可耐−6℃低温。如亚非紫甘70、亚非旺旺、亚非丽丽、中甘1388、甘杂6号、甘杂8号、黄金甲等品种。

（四）按成熟期分类

按成熟期可分为早熟、中熟、晚熟、大型晚熟类型。

1. 早熟类型

一般定植后55天可收获。株高25～30厘米,植株开展度40～60厘米,外叶12～18片,深或浅绿色。叶球圆形或牛心形,结球紧实,单球重500～800克,亩产量2500～3000千克。

2. 中熟类型

一般定植后 60～80 天可收获。植株开展度 60～70 厘米,外叶 15～20 片,叶球扁圆形,单球重 1500～2500 克,每亩产量 3000～4000 千克。

3. 晚熟类型

一般定植后 80～100 天可收获。植株开展度 70～90 厘米,外叶 18～24 片,叶球高圆形,单球重 2000～2500 克,每亩产量 4000 千克左右。

4. 大型晚熟类型

一般从定植到采收 110～130 天。植株开展度 100 厘米左右,外叶 25～30 片,叶球扁圆形或圆球形,单球重 4000 克左右,每亩产量 5000 千克左右。

该类型主要分布在我国长城以北及青藏高原等高寒地区。由于这些地区无霜期短,无明显的夏季,而这一类型品种多为扁圆形或近圆球形晚熟品种,生育期长,因而只能一年一熟。一般 3—4 月播种,10 月收获,是这些地区的主要冬贮蔬菜之一。

第四节　结球甘蓝生长发育的环境条件

一、结球甘蓝各生长发育阶段的特点

结球甘蓝为二年生蔬菜,第一年形成叶球,完成营养生长,经过冬季春化过程,第二年春夏季开花结实,完成生殖生长,由营养生长开始到生殖生长结束,即完成一个生育周期。其中营养生长阶段包括发芽期、幼苗期、莲座期、结球期,叶球进入冬季储藏或直接露地越冬,营养生长阶段停滞,处于休眠状态,在长达 100～120 天的休眠期内,植株在孕育着花芽,翌年春季定植后则进入生殖生长阶段,包括抽薹期、开花期、结荚期。

(一)营养生长阶段

1. 发芽期

由播种到第一对基生真叶展开,与子叶垂直成十字形的时期为发芽期

（图 3-7）。随季节的不同，发芽期长短不一，夏秋季需要 8～10 天，冬春季需要 15～20 天。在适宜条件下，种子吸水膨胀，16～20 天后胚根由珠孔伸出，约 2 小时后种皮破裂、子叶及胚轴外露，胚根长出根毛，其后子叶与胚轴伸出地面，4～5 天后子叶展开，8～10 天后真叶显露，完成发芽期。种子发芽到长出子叶，主要靠种子自身贮藏的养分生长。因此，饱满的种子和整理精细的苗床是保证出好苗的主要条件。随着子叶和第一片真叶的生长和叶绿素的增多，叶片开始进行光合作用，制造营养。

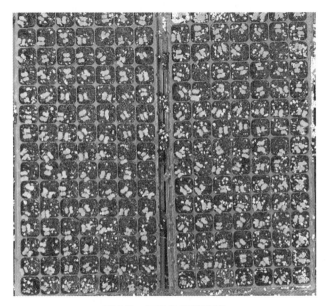

图 3-7　结球甘蓝发芽期

2. 幼苗期

从第一片真叶展开到第一叶环形成而达到团棵时为幼苗期（图 3-8）。一般早熟品种为 5～7 片叶，中晚熟品种为 7～8 片叶，幼苗期长短随育苗季节的不同而异，冬春季需要 25～30 天，夏秋季只需要 20～25 天。此期根系不发达，叶片小，根系吸收能力和叶片光合能力很弱，为培育壮苗，要根据育苗条件，因地制宜加强肥水管理、温光控制，防止幼苗徒长，培育壮苗。

3. 莲座期

从第二叶环出现到第三叶环形成达到心叶开始包合称为莲座期

（图 3-9）。一般需 20～25 天。此期叶片和根系的生长速度快,要加强田间管理,及时中耕,促使根系向纵深发展,创造茎叶和根系生长最适宜条件,防止外生叶生长过旺,以利于形成强壮的同化和吸收器官,为形成硕大而坚实的叶球打下基础。

图 3-8　结球甘蓝幼苗期

图 3-9　结球甘蓝莲座期

4. 结球期

由心叶开始包合到叶球形成为结球期(图 3-10、图 3-11)。依据品种不同,一般早熟品种需 20~25 天,中、晚熟品种需 30~50 天。此期为营养生长时期的高峰,生长量最大,应及时提供充足的肥水与温和、冷凉的气候条件,以促使根系扩展,叶球充实。

图 3-10　结球甘蓝结球始期

图 3-11　结球甘蓝结球中期

（二）生殖生长阶段

1. 抽薹期

从越冬后的种株定植到花茎长出开始开花为抽薹期（图 3-12）。需25～30 天。随着春天气温升高，光照增强，种株根部迅速长出新根，叶球长出花茎，主花茎再长出分枝，当主花茎开始开花时，抽薹期结束。

图 3-12　结球甘蓝抽薹期

2. 开花期

从始花到整棵种株花朵谢花为开花期（图 3-13）。依据品种不同，花期长短不一，一棵健壮的种株开花期为30～40 天。在开花期的前期花茎陆续抽出侧枝，整个开花期花序上的花朵由下而上迅速开放。

3. 结荚期

从谢花到荚果黄熟时为结荚期（图 3-14）。需 45～55 天。此期间花枝基本停止生长，角果和种子迅速生

图 3-13　结球甘蓝开花期

长发育,当花朵基本谢花,主枝和一级分枝下部的角果饱满时,应逐渐减少浇水。大部分角果变成黄绿色,内部种子种皮变为褐色时开始收获。

图 3-14　结球甘蓝结荚期

由于各地气候和栽培季节的不同,结球甘蓝各生育时期的天数差异较大。如同一品种,进行早春和晚秋两季栽培时,它的生育期就有很大差异。由于冬季低温,早春栽培时的发芽期和幼苗期较长,春季定植后,随着温度的回升,莲座期和结球期的温度适宜,植株生长较快,因此,莲座期和结球期的天数缩短;相反,晚秋栽培的发芽期和幼苗期较短,莲座期和结球期较长。

二、结球甘蓝对环境条件的要求

结球甘蓝是一种适应性比较强的蔬菜作物,虽然比较喜欢冷凉、温和的气候,但有些类型在炎热的夏季也能栽培。由于适应性广、抗逆性强,在世界各地普遍栽培,在我国南方、北方都广为种植。

(一)温度

结球甘蓝喜温和冷凉的气候,比较耐寒,其生长温度范围较宽,一般在月平均温度 7～25℃的条件下都能正常生长,15～20℃适温结球。但它在生长发育不同阶段对温度的要求有所差异。

1. 发芽出苗期

种子在 2～3℃时就能缓慢发芽,发芽适宜温度为 18～20℃。刚出土的幼苗抗寒能力稍弱,幼苗稍大时,耐寒能力增强,具有 6～8 片真叶的健壮幼苗能忍受较长时期的－2～－1℃及较短期－5～－3℃的低温。有些耐寒品种经过低温锻炼的幼苗,则可以忍受较短期－8℃甚至－12℃的严寒。

2. 叶球生长期

叶球生长适宜温度为 17～20℃,在昼夜温差明显的条件下,有利于积累养分,结球紧实。气温在 25℃以上时,特别在高温干旱下,同化作用效果降低,呼吸消耗增加,影响物质积累,致使生长不良,叶片呈船底形,叶面蜡粉增加,叶球小,包心不紧,从而降低产量和品质。叶球较耐低温,能在 5～10℃的条件下缓慢生长,但成熟的叶球抗寒能力不强,如遇－3～－2℃的低温易受冻害,而其中晚熟品种的抗寒能力较早、中熟品种强,可耐短期－8～－5℃的低温。

(二) 湿度

结球甘蓝的组织中含水量为 92%～93%,且根系分布较浅,外叶片大,水分蒸发量大,因此要求在比较湿润的栽培条件下生长,一般在 80%～90%的空气相对湿度和 70%～80%的土壤湿度中生长良好。其中尤其对土壤湿度的要求比较严格。如果土壤水分不足,再加上空气干燥,则容易引起基部叶片脱落,就会造成生长缓慢,包心延迟,叶球小而疏松,严重时甚至不能结球。结球甘蓝不耐涝,如果雨水过多,土壤排水不良,往往使根系泡水受渍而死亡。因此,在结球甘蓝栽培过程中,水的排灌措施要配套,做到旱能浇、涝能排,才能实现高产稳产的目的。

(三) 光照

结球甘蓝属于长日照作物,又是喜光性蔬菜。在植株没有完成春化过程的情况下长日照条件有利于生长。但对于光照强度的要求,不像一些果菜类要求那样严格,故在阴雨天多、光照弱的南方和光照强的北方都能良好生长。在高温季节常与玉米等作物进行遮阴间作,同样可使夏季甘蓝获得较好的收成。长日照对完成春化后的种株抽薹、开花有促进作用。

(四)土壤

结球甘蓝对土壤的适应性比较强,从沙壤土到黏壤土都能种植。在中性到微酸性的土壤生长良好,但在酸性过度的土壤中表现不好,也容易发生根肿病等,故对偏酸性的土壤应补充石灰和必要的微量元素,结球甘蓝能忍耐一定的盐碱性土壤。据研究,在含盐量0.75%~1.2%的盐渍土中也能结球。

(五)肥料

结球甘蓝为喜肥、耐肥作物,由根吸收土壤中的水分和氮、磷、钾等营养物质。对于土壤营养元素的吸收量比一般蔬菜作物多,栽培上除选择保肥保水性能好的肥沃土壤外,在生长期间还应施用大量的肥料。结球甘蓝在不同生育阶段中对各种营养元素的要求也不同。

1. 氮

结球甘蓝在苗期和莲座期需要较多的氮,到莲座期对氮素的需要量达到最高峰。土壤中的氮以硝态氮($NO_3^- —N$)或铵态氮($NH_4^+ —N$)的形式被根吸收到植株体内,经转化,一部分合成各种氨基酸和必要的蛋白质,另一部分则有机化,形成核酸及其他物质。一般来说,在比较肥沃的田块要减少氮肥施用量,在肥力一般的田块可多施一些。不管肥力差异如何,每次追肥以每亩20千克左右为适量。

2. 磷

结球甘蓝在叶菜中是含磷量较高的一种蔬菜。如果缺乏必要的磷,就不可能正常生长发育,特别是在结球期需磷量达到高峰。在肥沃的农田里,磷是充足的,往往看不出生长发育差异。在比较瘠薄的田块上,要增施磷肥,否则就会影响结球。

3. 钾

结球甘蓝生长初期吸收钾较少,但在结球开始后对钾的吸收逐渐增加。钾在细胞液中以无机态存在,或者与钙、镁等一起在植物体内起酸的中和或缓冲作用,或在植物体内帮助完成转移阴离子的任务。

整个生长期吸收氮、磷、钾的比例为 3：1：4。在施氮肥的基础上,配合磷、钾肥的施用,效果好,净菜率高。

除氮、磷、钾外,还需要其他无机元素,如植株体内钙的含量较高,仅次于氮。钙除具有钾的中和及缓冲酸性的作用外,还可完成有机酸的解毒作用,使代谢顺利进行。缺钙时,生长点附近的叶子就会发生叶缘枯萎或干烧心病。结球甘蓝对锌、硼、锰、钼、铁等微量元素需要量不多,但一旦缺乏也会引起各种不良反应。

据研究,每生产 1000 千克结球甘蓝,需吸收纯氮 3.1～4.8 千克,五氧化二磷 0.5～1.2 千克,氧化钾 3.5～5.4 千克。如种植春季结球甘蓝每亩产量 3000 千克,则需纯氮 9.3～14.4 千克,五氧化二磷 1.5～3.6 千克,氧化钾 10.5～16.2 千克。从生长发育时间上说,一般定植后 35 天左右,植株对氮、磷、钙等元素的吸收量达到高峰,而对钾的吸收量则在 50 天时达到高峰。在达到高峰值之前,植株的吸肥量随生育期进程基本呈直线上升趋势。

三、结球甘蓝栽培季节及种植茬口

(一) 结球甘蓝主要栽培季节

1. 春季结球甘蓝生产

春季结球甘蓝是指冬季播种、春季定植、夏季收获的一类结球甘蓝品种。一般选用耐寒性强的早熟品种。东北、华北北部、西北地区等单主作区,2 月上旬温室内播种育苗,分苗到冷床或塑料拱棚内育成苗,4 月下旬至 5 月初定植于露地。华北南部地区双主作区,1 月底至 2 月初在阳畦播种育苗,或 2 月上旬在温室内播种育苗,分苗到阳畦。南方地区,10 月中、下旬露地播种育苗,11 月下旬到 12 月上旬定植,翌年 4—5 月收获。

2. 夏季结球甘蓝生产

夏季结球甘蓝指春夏季育苗、夏秋季收获上市的一类结球甘蓝品种。选用耐热、耐湿、抗病性强的品种。多在 5 月上、中旬播种,6 月上、中旬露地或在遮阳网、防虫网设施下定植,8 月上、中旬至 9 月初收获上市。不但生产成本较低，而且能解决伏天蔬菜供应短缺问题。

3. 秋季结球甘蓝生产

秋季结球甘蓝指夏末育苗、秋初定植、秋末冬初收获上市的一类结球甘蓝品种。多在 6 月中、下旬至 7 月上、中旬播种，7 月中旬至 8 月中旬定植，10 月上、中旬至 11 月中、下旬收获上市。秋季结球甘蓝产量高，对解决冬季蔬菜淡季供应起到一定的作用，经济效益高，秋季是结球甘蓝主要生产季节。选用耐热、抗病的早熟品种，或耐热、耐湿、抗病、高产、耐寒的中晚熟品种。

4. 冬季结球甘蓝生产

冬季结球甘蓝指夏秋季播种育苗，秋冬季定植，冬季至翌年早春收获的一类结球甘蓝品种。选用高产、抗病、耐寒、冬性强的晚熟品种。由于上市时间正值元旦或春节期间，因此价格比较高，效益也非常可观，是满足人们多元化消费需要的一种新型栽培方式。

（二）结球甘蓝栽培方式

长江流域地区的结球甘蓝栽培方式见表 3-4。

表 3-4　结球甘蓝栽培主要茬口安排（长江流域）

栽培方式	建议品种	播期（月/旬）	定植期（月/旬）	株行距（厘米×厘米）	采收期（月/旬）	亩产量/千克	亩用种量/克
春露地	惊春、四月鲜、四月帅、五月鲜	10/中	11/中—12/上	40×50	3/下—5	2000	50
秋露地	强力 50、夏绿 55、兴福 1 号	6/中—7/上	7/中—8/上	40×50	9/下—10	2500	50
秋露地	阳阳、丽丽、春秋 65、三多、紫甘 65、紫甘 70	7/中—7/下	8/上—8/下	40×50	10/中—12	2500	50
秋露地	旺旺、冬大将、冬大帅、冬香、冬之绿	8/中、下	9/中、下	40×50	12 月—翌年 1—4/中	2500	50

第五节　结球甘蓝的育苗技术

一、结球甘蓝冷床育苗技术

(一)苗床准备

选择避风向阳,位置适中,前茬是非十字花科作物,土壤疏松、肥沃,水源条件好,便于管理的地块作育苗床。苗床每亩基施充分腐熟的有机肥3000～4000千克,或商品有机肥300千克左右,再配以氮磷钾复合肥30～40千克,加1～2千克硼肥、锌肥或钼肥。拖拉机深翻20～25厘米,再旋耕两遍,按150厘米开沟定厢(畦),厢(畦)面平整。

用50%多菌灵可湿性粉剂与50%福美双可湿性粉剂按1∶1比例混合,每平方米用药8～10克与过筛细土4～5千克混合,2/3铺于床面,1/3播种后覆盖种子。

(二)选种与处理

1. 选购种子

根据栽培季节选用适宜的结球甘蓝优良品种。种子质量应符合GB 16715.4—2010《瓜菜作物种子　第4部分:甘蓝类》的标准。

常规种和杂交种的大田用种,种子纯度不低于96%,净度不低于99.0%,发芽率常规种不低于85%、杂交种不低于80%,水分不多于7.0%。

2. 种子处理

结球甘蓝种子中蛋白质和脂肪的含量较高,很易吸水膨胀,种子萌发中需要较多的氧气。

(1)浸种。播种前浸种1小时为宜,如果浸种时间超过2～3小时,种子内的营养物质外渗,就会降低种子的发芽势;还会因吸水膨胀过度,影响对氧气的吸收,造成种子窒息。

(2)催芽。浸泡过的种子,滤去水分,装入通气、透水性好的纱布袋内,并用毛巾包好,置于 18～25℃的恒温箱或热炕上进行催芽。催芽期间用 30℃左右的温水浸浴 1～2 次,每次 10～15 分钟,同时抖动纱布袋,使种子受温一致。一般催芽 48 小时即可露白发芽。

3. 播种

将催好芽的种子,选晴天中午播种。播种前把苗床浇透水,待水分渗透后,撒一层过筛营养土后再均匀撒播种子,播种后用过筛细土盖种 1 厘米厚,然后覆盖地膜保温保湿。

4. 苗床管理

在 2 片真叶时分苗一次,若生长过旺则需分苗 2 次,第一次在破心或 1 叶 1 心时进行,第二次在 3～4 片真叶时进行。在出苗前保护地内白天保持 20～25℃,夜间 15℃,幼苗出土后及时放风,以后夜间 13～15℃,白天维持 20～25℃,减少低温的影响。当幼苗长出 3～4 片真叶后,可采用小拱棚覆盖增温。在苗床地表干燥时应浇透水,注意防治虫害。

二、结球甘蓝穴盘育苗技术

(一) 育苗准备

1. 育苗基质

一种是选用商品基质,用草炭、蛭石、珍珠岩和肥料配制的;二是用草炭、蛭石按 2∶1 配制的,或用草炭∶蛭石∶废菇料 1∶1∶1 配制,每立方米基质中加入 45%氮磷钾复合肥 2.5～3 千克,或每立方米基质中加入烘干鸡粪 2.5 千克,基质与肥料混合搅拌均匀后过筛备用。

2. 育苗塑料盘

根据育苗的大小订购塑料盘,育 2 叶 1 心苗子选用 288 孔穴盘,育 3 叶 1 心苗子选用 200 孔穴盘,育 4～5 叶苗子选用 128 孔穴盘,育 6 叶以上的大苗选用 72 孔穴盘。塑料盘准备数量依据每亩定植苗的密度、塑料盘孔数、成苗率 80%而定。

3. 育苗床

翻耕 20～25 厘米,旋耕 2 遍,按 150 厘米宽开沟定厢(畦),厢面宽 120

厘米,整平压实。

(二)播种出苗

结球甘蓝种子容易发芽,可采取干籽直播。播种时将多菌灵 200 克与 1 立方米的基质拌匀,加适量水分,拌成手握成团、落地即散的湿度,然后将基质装入塑料盘,松紧要适宜,过松则浇水后基质下陷,过紧则影响幼苗生长,松紧程度以装盘后左右摇晃基质不下陷为宜,盘面用木板刮平。用压孔器对准穴孔压孔,深度 0.5～1.0 厘米,每孔播 2 粒种子,播种后用蛭石均匀覆盖,并用木板刮平。把 10 个塑料盘码一起,用浇水机或喷壶浇水,直至从穴盘下能看到水从下部孔隙中滴出为止。将塑料盘运送到催芽室或温室催芽,室温控制在白天 20～25℃、夜间 18～20℃,环境湿度保持在 90% 以上。2～3 天后当 60% 左右的种子萌发出土时,即可转移到育苗室或大棚内,将塑料盘整齐摆放在育苗床上,两个塑料盘横向并排摆放。

(三)育苗管理

结球甘蓝苗期对温、光条件适应范围较宽,育苗管理相对比较容易。但是由于其根系较为发达且喜低温,所以在幼苗过密和水分较多的条件下容易徒长。结球甘蓝分春、夏、秋季栽培,育苗时间和所用品种都不相同。当幼苗长出 3～4 片叶后不应长期生长在日平均温度 5℃ 以下,以防止通过春化,提早结球。秋季种植的结球甘蓝,是在夏季育苗,多采用中晚熟品种,防雨、防病虫、防杂草是关键。

冬季育苗温室或塑料大棚的温度控制,白天温度掌握在 18～22℃,夜温以 10～12℃ 为宜;当幼苗出齐后开始通风,防止幼苗徒长。控制好塑料盘基质水分,从子叶展开至 2 叶 1 心,有效水含量为最大持水量的 70%～75%;幼苗 3 叶 1 心至成苗水分含量应保持在 55%～60%。夏季育苗要注意防雨降温,要加盖遮阳网。苗期的光照条件要保证充足,促进幼苗健壮生长。若需补苗,要在 1～2 片真叶期间进行。

结球甘蓝幼苗期的主要病虫害有灰霉病、黑胫病、蚜虫和斑潜蝇。

(四)成苗标准

具有真叶 4～6 片,叶片肥厚,叶色深绿,下胚轴长度小于 2 厘米,株高

12～15 厘米,茎粗 3～4 毫米;无花芽分化和病虫危害;根系发达并能紧密缠绕成团;苗龄 30 天左右。

三、结球甘蓝大棚漂浮育苗技术

漂浮育苗是一项新的育苗方法,是将装有育苗基质的泡沫穴盘漂浮于水面上,种子播于基质中,秧苗在育苗基质中吸收养分和水分的育苗方法(图 3-15)。结球甘蓝采用漂浮育苗技术,可以解决十字花科根肿病的土壤带菌问题,缩短了定植以后的缓苗时间,加快了根系恢复,培育大田壮苗。

图 3-15 结球甘蓝大棚漂浮育苗

(一) 品种选择

一般选择抗逆性强、丰产性好、品质优良、综合性状表现较好的结球甘蓝,如亚非旺旺等品种。

(二) 育苗准备

1. 育苗池建设

选择背风向阳、四周开阔、地势平坦、交通便利、有清洁水源的地方作育苗场地;或选在平整的水泥场。用水泥空心砖砌成内口径 600 厘米、宽 100 厘米、深 20～25 厘米的长方形池,用厚塑料薄膜垫作池底,用砖等物将薄膜压实。

2. 消毒处理

(1)育苗盘消毒。育苗盘选用聚乙烯泡沫塑料盘,长 67 厘米×宽 34.2 厘米×高 5.5 厘米的 200/盘孔育苗盘,也可用其他规格的育苗盘。新盘可以不消毒,使用过的育苗盘一定要消毒。可用 0.05%~0.1%高锰酸钾药液浸泡育苗盘 4 小时,消毒后用清水洗净。

(2)育苗池消毒。铺于育苗池的塑料薄膜为聚乙烯黑色膜,厚度 0.08 毫米。新的可以不消毒,已使用过的一定要用 30%漂白粉 1000 倍液消毒。将消毒后的水床膜平铺在育苗池内,用卡簧固定在卡槽内,放入干净的清水,水距离池上沿 7~10 厘米。

(3)种子消毒。将选择好的结球甘蓝种子,放在竹席上晒 1~2 天,可选用高锰酸钾用清水配制成 0.1%~0.15%的溶液浸种 1 小时,捞起放入清水中洗净。包衣种子可直接播种。

3. 选备基质

选用适宜漂浮育苗的商品基质。在装盘前,将基质从袋中倒出,用铲子边搅拌边加水,并不时用手捏基质,达到能手握成团、落地即散为宜。

4. 苗池配肥

育苗池配制营养液,按每个池施肥量(千克)=每池用水质量(千克)×使用浓度(%),施入浓度为 0.1%配方苗肥,氮：五氧化二磷：氧化钾=12：10：12 的比例,并搅拌均匀。

(三) 播种

可选用漂浮育苗基质装盘播种机,可将装盘、压穴、播种一次完成。机播过程中注意不时用刷子刷压穴滚筒和播种筒,以免压穴不均导致种子堵塞种孔。使用无漂浮育苗装盘播种机的,可采用人工装盘,手指压孔、播种。在播种好的育苗盘上,均匀撒盖 1 厘米厚的基质,用木板刮平,基质要将种子完全覆盖,以免螺旋苗发生。然后,将育苗盘放入育苗池中,摆放整齐。

(四) 苗期管理

1. 温湿度管理

利用温室大棚配备的温光控制系统,播种至出苗期间,将温度控制在

25 天左右,出苗以后将温度控制在 20～25℃。同时通过开启遮阳网、天窗和两侧棚膜进行控温、控湿和通风换气。如遇连续降雨,卷膜排湿效果差且盘面湿度过大时,需用竹架在育苗池上进行晾盘,以增加盘面通透性,促进菜苗正常生长。

2. 间苗与补苗

提高成苗率需要及时间苗和补苗。结球甘蓝播种后 3 天即出苗,当苗大部分已经进入"小十字期",即 2 片真叶与 2 片子叶呈"十"字形时期后,要及时拔除穴中的多苗、螺旋根苗、弱小苗,每穴留一株健苗。发现缺苗时,用细竹片将拔出的健壮苗补上,一般间苗与补苗同时进行。

3. 病害防治

苗期主要病害有猝倒病和立枯病,发病初期,用 64％恶霜·锰锌可湿性粉剂 500 倍液,或 58％甲霜·锰锌可湿性粉剂 500 倍液喷雾防治。

第六节　结球甘蓝栽培技术

一、结球甘蓝春季栽培技术

长江流域结球甘蓝露地栽培,能充分利用冬闲田,茬口安排灵活多样,一般在秋豇豆、秋菜豆、秋毛豆、秋玉米、冬瓜、秋瓠瓜、秋黄瓜、秋辣椒等作物收获后,11 月中旬及时定植结球甘蓝,翌年 4 月收获上市,可极大缓解蔬菜"春淡"市场。

(一) 品种选择

为避免植株发生先期抽薹,应选择耐低温、冬性较强、抽薹率低、抗病、高产、优质的早熟结球甘蓝品种。同时,要特别注意品种不要混杂,否则植株整齐度差,且冬性降低,容易先期抽薹。目前长江流域主栽品种主要有亚非四月鲜、四月帅、五月鲜、惊春等。

(二) 适时播种

严格掌握播种期,播种过早会先期抽薹,过迟又影响产量和品质,结球不紧。播种时期与地域、保护地设施以及所选品种有密切关系,各地可根据气候特点和保护设施性能以及所期望的上市时间进行。南方各省选用中、晚熟品种,于 10—11 月在露地播种育苗,苗龄 40 天左右,也可于 12 月下旬至翌年 1 月上旬阳畦(温床)播种或在温室播种育苗,选择疏松透气、土壤团粒结构较好、排灌方便,且 2 年内未种植十字花科蔬菜的地块作苗床。

(三) 及时定植

1. 定植时间

定植春季结球甘蓝,一般用秋耕过的冬闲地,11—12 月内定植。

2. 整地施肥

选择土质较好、排灌方便、前茬未种植过十字花科作物的地块,定植前 20 天深耕 20～25 厘米炕地。每亩地施有机肥 3000～4000 千克,或前茬玉米、黄豆作物秸秆粉碎还田再增施腐熟牛羊猪粪 1000～1500 千克,或商品有机肥 200～300 千克,氮磷钾复合肥 30～40 千克,并施入一定量的硼、钼、锌等微量元素肥料,用拖拉机旋耕 2 遍。

3. 合理密植

幼苗长到 5～6 片真叶为定植最佳时期,同时还需根据温度条件确定。因为结球甘蓝根系活动最低温度比地上部低,当土壤温度在 5℃ 以上时,根系就开始活动,而地上部开始生长的温度为 10℃ 左右。另外,适当提早定植,根系生长良好,有利提早成熟。定植过早或过晚都不利于植株生长。若定植过早可能增加提早抽薹率;定植过晚影响早熟和丰产。

选择生长健壮、叶片肥厚、色泽深绿、叶柄短而宽、心叶向内卷曲、茎粗壮、无病虫且大小一致的优良壮苗。起苗时淘汰过大的杂苗,尽量使苗子所带营养土坨完整,防止伤根。定植密度要根据品种特性、气候条件和土壤肥力而定,一般每亩定植 3500～4500 株。

(四) 田间管理

1. 追肥

依据结球甘蓝生长需肥规律、苗情长势确定追肥种类与数量。一般在定植缓苗期,每亩追施尿素 10～15 千克,莲座初期施氮磷钾复合肥 25～30 千克,结球初期施硫酸钾肥 10～15 千克。追肥要结合中耕除草埋肥,浇水溶肥,提高肥料利用率。有条件的施水溶性肥更好。

2. 浇水

从定植到翌年 2 月底前,气温低,雨雪天气较多,应及时排除田间积水,保护植株根系活力,减轻田间菌核病、霜霉病等病害的发生,且应严格控制追肥的次数,勿使年前植株营养过剩长得过快、过大而通过春化,发生未熟而抽薹现象。

结球甘蓝适宜的空气湿度 80％～85％、土壤湿度 70％～80％。定植后 4～5 天浇缓苗水,莲座期通过控制浇水蹲苗,结球期要保持土壤湿润,结球后期控制浇水次数和水量。干旱时应及时灌溉,灌水深度至厢(畦)沟 2/3 为度,水在沟中停 3～4 小时后排出。

3. 中耕培土

浇缓苗水后,要及时中耕、蹲苗。一般早熟品种宜中耕 2～3 次,中、晚熟品种中耕 3～4 次。第一次中耕要全面锄、深锄 5 厘米,以利保墒,进入莲座期中耕宜浅,并向植株根部培土。

4. 适时采收

当叶球坚实而不裂、发黄发亮、最外层叶上部外翻、外叶下披时要及时采收。如过早采收虽然售价高,但叶球尚未充实,不但产量低,而且品质也差;叶球一旦充实而不适时采收,很快就会裂球,成为次品。在长江流域,一般在 4 月初开始采收,采收方式是分次隔株采收。

二、结球甘蓝夏季栽培技术

结球甘蓝是一种耐寒而不耐高温的蔬菜,在炎热的夏季种植难度较大,但效益却很高。在南方高山地区、北方比较冷凉的地区,适当发展夏季结球甘蓝,对丰富淡季蔬菜供应有重要的意义。

(一)品种选择

结球甘蓝在夏季栽培,生长前期正值多雨季节,中后期又遇高温干旱天气,不利于结球甘蓝器官的形成,也容易多发病虫害,所以应选择耐热性强、抗病、耐涝、适应性广、结球紧实、生长期短、整齐度高的品种。如亚非丽丽、先甘 520、先甘 011 等。

(二) 播种育苗

采用育苗移栽,夏季一般在 3—5 月冷床播种育苗,5—6 月定植,8—9月采收。

播种前苗床要浇足底水,使 8～10 厘米深的土层呈含水饱和状态,最后一次洒水加 40% 辛硫磷乳油配成 1000 倍药液,可以减少地下害虫危害。待底水下渗无积水后,将 25% 甲霜灵可湿性粉剂与 70% 代森锰锌可湿性粉剂按 9:1 混合,按每平方米苗床用药 8～10 克与 15～30 千克过筛细土混合配成药土,播种前将 2/3 药土撒铺于苗床面上,然后均匀撒播种子,将另外 1/3 药土覆盖在种子上,再覆盖 0.7 厘米左右厚的过筛细土。

撒播种子时厢(畦)面应留有余地供搭小拱棚。为有利于出苗,可在覆土后再用双层遮阳网或稻草等覆盖物,覆盖厢面以保湿。出苗前,要勤检查,待大部分幼苗出土后,可在傍晚揭去覆盖物。齐苗后,选择晴天中午对苗床再次覆土,厚度 0.2～0.3 厘米,以利幼苗扎根,降低床面湿度,防止苗期病害。幼苗长到 2～3 片真叶时进行分苗,苗距 8 厘米×8 厘米。分苗前,苗床浇足底水,分苗后苗床必须及时浇缓苗水,以缩短缓苗期,有条件的可将苗分植到营养块内,分苗后及时搭棚避雨,并做好遮阴、中耕、防病虫、水分管理等,苗长出 5～6 片真叶时定植。

(三) 整地定植

选择地势高燥、排水方便的地块种植。深翻 20～25 厘米,炕土 10～15天,每亩施腐熟农家肥 3000～4000 千克,或商品有机肥 300 千克,氮磷钾复合肥 30～40 千克,旋耕 2 遍,按 150 厘米开沟定厢(作畦)。待苗龄 30～35 天、有 5～6 片真叶时,及时定植。如幼苗过大,定植后缓苗期长,生长不壮,起苗时应带大土坨,少伤根。定植宜在下午 4 时以后或阴天进行,适当密植,按行株距 45 厘米×35 厘米定植,定植后浇定根水,第二天上午再浇一次活棵水。如有缺苗应及时补苗。

（四）田间管理

1. 追肥

缓苗后进行第一次追肥，每亩随水施尿素 8～10 千克，由于夏季多雨，土壤养分流失多，应当采用少量多次施肥。间隔 10～15 天进入莲座期，进行第二次追肥，每亩施尿素 10～15 千克；结球始期每亩施氮磷钾复合肥 20 千克，加硫酸钾肥 10 千克。后期喷施 1～2 次叶面肥。

2. 浇水

在早晨或傍晚浇水，以避免高温、高湿发生病害。一般应小水勤浇，5～6 天浇一次水。结球膨大期水肥要供应充足，不能干旱。遇阴雨天气，要及时排渍，达到雨住田干。在下过热（阵）雨后，及时用深井水灌溉，降低地温，增加土壤含氧量，有利于根系生长，减少叶球腐烂。

3. 中耕

定植连浇 3 次水后，6～7 天基本缓苗，可中耕一次。浇水和雨后还要注意勤中耕，夏季中耕划破地皮即可，中耕过深对根系发育不利，雨后积水多，反而有碍植株生长，要及时排除渍水。

（五）及时采收

结球甘蓝叶球充分膨大时采收，遇连续阴雨天应适当早收，以免产生裂球和发生病害。成熟度参差不齐的地块，应先采收包心紧的植株。进行远途外运时，一般傍晚采收，夜间放在通风处散热，于清晨装车外运。不可在午间或雨后收获、装筐、外运，以免腐烂。

三、结球甘蓝秋季栽培技术

（一）品种选择

秋季结球甘蓝是在夏季或初秋播种育苗，于秋末或冬季上市，具有适应性好、病虫害少、中后期进入冬季不利于病虫害的发生、栽培容易等特点。秋季结球甘蓝育苗时间多在 6 月中下旬至 8 月上旬，其中中晚熟品种中甘 19、西园 3 号、京丰 1 号、雅致等多在 6 月中、下旬播种，7 月底至 8 月初定植,10 月下旬至 11 月中旬收获;中早熟品种亚非丽丽、亚非阳阳、亚非春秋 65、三多、双喜、旺旺、先甘 011、夏绿 55、兴福 1 号等多在7 月上旬至 8 月下旬育苗,8 月上旬至 9 月下旬定植,10 月上旬至翌年1 月上市。

(二)播种育苗

1. 苗床准备

选择通风凉爽、土地肥沃、有机质含量高、灌溉条件好的熟土地作苗床,有条件的最好进行营养钵育苗。先深耕 20～25 厘米,后施肥,一般每亩施腐熟人畜粪 1000～1500 千克,氮磷钾复合肥 20～25 千克,用拖拉机旋耕、碎垡、混匀肥土、耙平,按 150 厘米开沟作苗床,一般每亩大田需苗床20～25 平方米。

2. 播种

播种前先用清水浇透苗床,播种时将种子用 65% 代森锰锌可湿性粉剂拌种防治立枯病,然后用过筛细土拌种,便于撒播均匀,播种后苗床覆盖 0.5～1.0 厘米的过筛细土,及时覆盖稻草、遮阳网,保持床土湿润,每亩用 50% 多菌灵可湿性粉剂 200～250 克兑水 40～50 千克喷于苗床,灭菌保湿。出苗后及时揭去稻草,搭小拱棚覆盖遮阳网,防止阳光直射,一般出苗后于晴天上午 9—10 时盖草帘,下午 3—4 时揭开草帘。注意适量浇水,如床面湿度过大,可撒一层过筛细干土或草木灰降湿,苗出土时每天喷一次水,以后间隔 2 天浇一次水,保持苗床土壤湿润、土表略干为宜。

当幼苗长到 2～3 片真叶时分苗,分苗床与育苗床一样。选阴天或晴天傍晚分苗,苗距 10 厘米×10 厘米,栽后立即浇水,用遮阳网覆盖 3～4天,浇缓苗水后中耕蹲苗,注意防治蚜虫。

(三)定植

选择土壤肥沃、排灌便利、前茬未种过十字花科蔬菜的地块,深耕 20～25 厘米,每亩施腐熟有机肥 2500～3000 千克,或商品有机肥 200～300 千克,氮磷钾复合肥 25～30 千克,硼肥 1 千克,拖拉机旋耕 2 遍,按 100 厘米宽开沟起垄,并开好田内腰沟和围沟。当苗龄30～35天,长有6～8片真叶时,带大土坨选阴天或晴天下午定植。每垄定植2行,一般早熟品种定植行株距45厘米×30厘米,每亩定植4500株左右;中晚熟品种行株距45厘米×40厘米左右,每亩定植3000～3300株。

(四)田间管理

1. 浇水

秋季种植结球甘蓝,生长前期由于气温高,蒸发量大,要注意经常浇水。定植后浇定根水,第二天再浇一次,以后隔2天浇一次,1周后即可活棵。缓苗后适当蹲苗,控制浇水。莲座期和结球期对缺水敏感,干旱时不但结球延迟,甚至开始包心的叶片也会重新张开,不能结球,应根据田间情况,适时浇水,保持土壤湿润。高温期间要在早晨或傍晚浇水。叶球生长紧实后停止浇水,以防叶球开裂。结球甘蓝虽喜潮湿,但忌渍水,雨水多的地方,注意清理好田内"三沟",降雨后及时排涝防渍。

2. 追肥

早、中熟品种大田生长期间一般追肥2～3次,晚熟品种追肥4次。第一次在定植后1周,结合浇缓苗水,每亩施尿素5～8千克;第二次在莲座初期,每亩施尿素20千克左右,施后中耕埋肥与松土除草;晚熟品种在莲座末期,每亩施尿素15～20千克,施后浇水;结球初期再追一次肥,每亩施氮磷钾复合肥25～30千克,追肥以株间穴施为佳,减少挥发和流失,提高肥料利用率。结球中后期结合防病虫,喷施0.2%的磷酸二氢钾2～3次。

3. 中耕除草

秋季种植结球甘蓝,容易滋生杂草,在植株封垄前,要进行2～3次中耕除草,苗根部的杂草要用手拔掉。结合中耕进行根茎部培土,预防中后期遇大风雨造成植株倒伏。

(五)适时收获

宜在叶球紧实时收获,判断叶球是否包紧,可用手指在叶球顶部压一下,如有坚硬紧实感,即应采收,以防叶球内部继续生长而开裂。

四、结球甘蓝冬季栽培技术

（一）品种选择

根据品种熟性和上市时间要求，可选择适宜的品种。长江流域以南地区，秋播选用亚非冬香、亚非冬大将、亚非冬大帅、冬之绿等，8月15日至8月25日播种育苗，苗龄30～35天，9月25日前定植，11月至翌年3月均可采收上市；冬播选用苏甘27、汉冬1号、寒春三号等，9月上中旬播种育苗，10月底前定植，翌年2—3月采收上市。

（二）培育壮苗

1. 耕整苗床

选择前茬作物未种过十字花科作物、沙壤土、水源充足、交通便利的地块作育苗床，每亩大田需育苗床40平方米左右。深耕20～25厘米，每亩施腐熟农家肥3000～4000千克，或商品有机肥300千克左右，氮磷钾复合肥30千克，拖拉机旋耕2遍碎垡、肥土搅匀，按120～150厘米开沟作厢（畦），取出一部分细土过筛备用。

2. 播种育苗

（1）播种。先将苗床浇足底水，待水渗干后播种。播种时将种子掺过筛细砂土，均匀撒播于苗床，用过筛细土覆盖种子0.5～1.0厘米厚。一般3天齐苗，2～3片真叶时间苗，也可在4片真叶时按10厘米×10厘米切块分苗，分苗定植浇定根水，缓苗后施尿素3～5千克，注意拔除苗床杂草，防治病虫。

（2）搭棚遮阳。7月中下旬正值高温多雨季节，露地育苗需搭拱棚盖遮阳网，防暴晒高温、防暴雨。晴天上午10时覆盖，下午4时揭开，阴天不盖，让幼苗在露天自然环境下锻炼。

（三）整地定植

选择水源条件比较好、土壤肥沃的地块，深耕20～25厘米，每亩施腐熟农家肥3000～4000千克，氮磷钾复合肥30～40千克，拖拉机旋耕2遍，按 100～150 厘米宽开沟起垄,每垄定植 2～3 行,行距 50 厘米,株距 35 厘米,起苗时尽量使根多带肥土坨,将大小苗分级定植,栽后立即浇定根水。

(四) 田间管理

定植缓苗后浇第二次水,并追施尿素 10 千克/亩左右提苗;莲座始期随浇水施尿素 10～15 千克/亩,莲座期如生长过旺,应适当蹲苗,一般蹲苗 10～15 天,当叶片上明显有蜡粉,心叶开始抱球时结束蹲苗;结球始期施氮磷钾复合肥 20～25 千克;后期叶面喷肥 2～3 次。叶球基本紧实,包心达六至九成时,应控制浇水,以免生长过旺而裂球和降低抗寒能力。

越冬结球甘蓝在入冬前形成半包心,进入冬季时,结球必须达到六至七成以上。若结球达不到标准,立春易发生抽薹现象;若高于这个指标,植株耐寒性降低,会出现裂球现象,影响商品质量。结球甘蓝冬季病虫害发生轻,一般不需打药防治,无农药残留,无污染。收获期比较长,要视市场价格因素而定,但应注意必须在 4 月中旬前收完,若收获过迟会导致后期裂球、抽薹,影响商品质量与销售价格。

第四章 松花菜、结球甘蓝
病虫害防治技术

松花菜、结球甘蓝同属于甘蓝类蔬菜,种植季节与常发病虫害基本相同,防治技术是一致的。坚持"预防为主,综合防治"的方针,推广应用生态调控、生物防治、物理防治、科学用药等绿色防控技术。

第一节 松花菜、结球甘蓝的
病害防治技术

一、松花菜、结球甘蓝主要病害类型

根据发病时间早晚,主要病害有猝倒病、立枯病、黑腐病、病毒病、霜霉病、灰霉病、细菌性软腐病、黑斑病、黑胫病、白斑病、黄萎病、根肿病、环斑病、褐斑病、菌核病、细菌性黑点病等。

二、综合防治技术

(一) 生态调控

1. 实行轮作

种植松花菜和结球甘蓝,宜选择与非十字花科作物的禾本科、豆科等作物轮作 3 年以上的地块。

2. 种子消毒

在选用抗病品种的基础上,搞好种子消毒。种子用 50℃温水浸种 20 分钟,进行种子消毒,可防治黑腐病。播种前用种子重量 0.3% 的 50% 福

美双或 50％多菌灵可湿性粉剂拌种；用种子重量 0.3％的 50％琥胶肥酸铜可湿性粉剂拌种，可防治细菌性黑斑病。

3. 床土消毒

可用 50％多菌灵、50％福美双可湿性粉剂，或多菌灵与福美双等量混合，每平方米取 9～10 克，混入 3～4 千克过筛细土中拌匀，播种前把药土的 1/3 撒在浇好底墒水的床面上，播种后再将余下的 2/3 药土覆盖在种子上，做到下铺上盖，使种子夹在药土中间。

4. 棚室消毒

用硫黄熏蒸消毒，每亩用硫黄粉 2～3 千克加敌敌畏 0.25 千克，拌锯末分堆点燃，闭棚熏蒸一昼夜后放风。操作用的农具同时放入棚内消毒。

5. 日光消毒

塑料大棚、日光温室等保护地栽培，可在夏季高温季节深耕地 25 厘米，撒施 500 千克切碎的稻草或麦秸，加入 100 千克氰胺化钙，混匀后起垄，铺地膜，灌水，持续 20 天。或灌水，封闭大棚，高温闷棚 20 天。

6. 加强田间管理

及时清除残枝病叶，改善田间通风透光条件；增施有机肥，培育壮苗；勤浇小水，防止大水漫灌，雨后及时排水，控制田间土壤湿度；通过放风和辅助加温，调节不同生育时期的适宜温度，避免低温和高温伤害。

（二）生物防治

选用植物源农药、农用抗生素等防治病害，可选用 1％苦参碱水剂 600 倍液；72％硫酸链霉素可溶性粉剂 3000～4000 倍液喷雾，或 100 万单位新植霉素粉剂 4000～5000 倍喷雾，可防治软腐病、黑腐病。用 1％武夷菌素水剂 150～200 倍液喷雾，可防治霜霉病、白粉病。

（三）物理防治

选用诱虫塑料黄色板或蓝色板（20 厘米×40 厘米），每亩 30～40 块，安置在行株间，高出植株顶部，诱杀蚜虫，减少传染病毒病的媒介。

三、松花菜和结球甘蓝主要病害防治技术

(一) 猝倒病

1. 发病症状

猝倒病俗称"倒苗""霉根""小脚瘟",主要由瓜果腐霉属鞭毛菌亚门真菌侵染所致。刺腐霉及疫霉属的一些种也能引起发病。

种子发芽后至出土前发病,形成烂种;出土后发病,于近土表处出现水渍状,变软,表皮脱落,病部缢缩并迅速扩展绕茎一周后,菜苗倒伏,造成成片死苗(图 4-1)。

图 4-1　松花菜幼苗感染猝倒病苗症状

2. 防治技术

(1) 种子处理。选用抗病品种,包衣的种子。如种子未包衣则种子须用拌种剂或浸种剂灭菌。可用种子重量 0.2%～0.3% 的 75% 百菌清

可湿性粉剂,或 70%代森锰锌干悬浮剂,或 60%多菌灵盐酸超微可湿性粉剂拌种。

(2)化学防治。可用 70%代森锰锌可湿性粉剂 500 倍液、50%多菌灵可湿性粉剂 500 倍液喷雾,用 70%敌磺钠可湿性粉剂 1000 倍液、铜氨合剂 400 倍液、70%甲基硫菌灵可湿性粉剂 800～1000 倍液、75%百菌清可湿性粉剂 1000 倍液、30%恶霉灵可湿性粉剂 800 倍液、50%福美双可湿性粉剂 500 倍液等喷洒病苗周围土壤,以控制蔓延。苗床内施药后湿度增加,可撒少量干土或草木灰,降低床土湿度。

(二)立枯病

1. 发病症状

发病初期幼苗根茎部变黑或缢缩,潮湿时其上生灰白色霉状物,植株染病后,数天内即见叶萎蔫、干枯,继而造成整株死亡。定植后一般停止扩展;成株期多造成根部、茎部和叶柄腐烂变褐,形成根朽或脱帮,植株失水萎蔫后枯死(图 4-2)。

图 4-2　松花菜苗期感染立枯病植株症状

2. 防治技术

(1) 种子处理。用种子重量 0.2% 的 40% 拌种双拌种,或用种子重量 0.4% 的 50% 异菌脲可湿性粉剂或 75% 百菌清可湿性粉剂拌种,或种子重量 0.1% 的 2% 戊唑醇干拌剂拌种,也可用 50% 多菌灵可湿性粉剂 500～600 倍液,或 70% 甲基硫菌灵可湿性粉剂 800～1000 倍液浸种。

(2) 化学防治。苗床出现病情后应立即剔除病苗,并及时喷药保护。可选用 10% 恶霉灵可湿性粉剂 500 倍液,或 70% 敌磺钠可湿性粉剂 800 倍液、75% 百菌清可湿性粉剂 600 倍液、75% 代森锰锌可湿性粉剂 500 倍液、25% 甲霜灵可湿性粉剂 800 倍液、5% 井冈霉素水剂 1500 倍液等喷雾防治。注意敌磺钠易光解,要现配现用。

猝倒病、立枯病混合发生时,喷淋 72% 霜霉威水剂 800 倍液＋50% 福美双可湿性粉剂 500 倍液。

(三) 黑腐病

1. 发病症状

黑腐病是由野油菜黄单胞杆菌野油菜致病变种引起的。

叶片:叶缘开始形成向内扩展的"V"字形枯斑,病菌沿脉向下扩展,形成较大坏死区或不规则黄褐色大斑,病斑边缘叶组织淡黄色。

花球:病菌进入茎部维管束后,逐渐蔓延到花球部或叶脉及叶柄处,剖开花球,可见维管束全部变为黑色或腐烂,但不臭,干燥条件下花球黑心(图 4-3)。

2. 防治技术

(1) 种子消毒。用 50～55℃ 温水浸种 20 分钟,或用 1∶200 的甲醛溶液浸种 20 分钟,用 50% 代森铵水剂 200 倍液浸种 15 分钟,然后捞起用清水洗净,晾干播种。用相当于种子重量 0.4% 的 50% 福美双可湿性粉剂、或 50% 琥胶肥酸铜可湿性粉剂拌种,可预防苗期黑腐病的发生。

(2) 土壤消毒。夏季翻耕炕土,用 40% 乙酸铜可湿性粉剂 500 倍液进行消毒。定植前每亩用 50% 多菌灵可湿性粉剂 4～5 千克喷洒地面,翻入地下 10 厘米处。拔除中心病株,四周用 77% 氢氧化铜可湿性粉剂 800 倍

图 4-3 结球甘蓝感染黑腐病植株叶片症状

液喷雾。或用 50％福美双可湿性粉剂 1.25 千克或 65％代森锌可湿性粉剂 0.5～0.75 千克,加细土 10～12 千克,沟施或穴施入播种行内,可消灭土中的病菌。

（3）化学防治。

一是发病初期及时施药防治。可采用下列杀菌剂进行防治:47％王铜可湿性粉剂 800～1000 倍液;2％春雷霉素可湿性粉剂 300～500 倍液;3％中生菌素可湿性粉剂 600～800 倍液;60％琥·乙膦铝可湿性粉剂 500～700 倍液;30％琥胶肥酸铜可湿性粉剂 600～700 倍液;20％噻唑锌悬浮剂 600～800 倍液;36％三氯异氰尿酸可湿性粉剂 1000～1500 倍液。兑水喷雾,视病情间隔 7～10 天喷 1 次。

二是田间发病普遍时要加强防治。可采用下列杀菌剂:77％氢氧化铜可湿性粉剂 600～800 倍液;20％噻唑锌悬浮剂 300～500 倍液＋12％松脂酸铜悬浮剂 600 倍液;47％春雷·王铜可湿性粉剂 700 倍液。兑水喷雾,视病情间隔 5～7 天喷 1 次。

（四）霜霉病的防治技术

1. 发病症状

霜霉病俗称"烘病""跑马干"等。是由寄生霜霉引起的,主要危害叶片,其次是茎、花梗、种荚。自幼苗至成株均可发病,发病高峰期在 9 月。

多在植株下部叶片发病,出现黄色病斑,潮湿条件下病斑边缘不明显,而在干燥条件下明显。病斑因受叶脉限制也呈多角形或不规则形。湿度大时病斑背面可见稀疏的白色霉状物。病重时病斑连片,造成叶片枯黄而死(图4-4)。该病在气温15～24℃、多雨、大雾或田间积水、湿度大时均容易发生。

图4-4　松花菜感染霜霉病植株病叶症状

2. 防治技术

未发病或发病前期,用杀毒矾(8％的噁霜灵和56％的代森猛锌复配的可湿性粉剂)500倍液;25％甲霜·霜霉威可湿性粉剂1500～2000倍液;50％烯酰·乙膦铝可湿性粉剂1000～2000倍液;40％氧氯·霜脲氰可湿性粉剂800～1000倍液;76％霜·代·乙膦铝可湿性粉剂800～1000倍液;72％甲霜·百菌清可湿性粉剂600～800倍液。兑水喷雾,视病情间隔7～10天喷1次。

发病普遍时,可采用687.5克/升霜霉威盐酸盐·氟吡菌胺悬浮剂800～1200倍液;250克/升吡唑醚菌酯乳油1500～3000倍液;66.8％丙森·异丙菌胺可湿性粉剂600～800倍液;84.51％霜霉威·乙膦酸盐可溶性水剂600～1000倍液;70％呋酰·锰锌可湿性粉剂600～1000倍液;69％锰锌·烯酰可湿性粉剂1000～1500倍液;440克/升双炔·百菌清悬浮剂 600～1000 倍液;50%氟吗·锰锌可湿性粉剂 500～1000 倍液;560 克/升嘧菌·百菌清悬浮剂 2000～3000 倍液。兑水喷雾,视病情间隔 5～7 天喷 1 次。

(五) 灰霉病

1. 发病症状

苗期、成株期均可发生,主要危害叶片、花序。幼苗发病呈水浸状腐烂,上生灰色霉层;成株期发病,多从地面较近的叶片开始,发病初期为水浸状,湿度大时病部迅速扩大,呈褐色或淡红褐色,引起腐烂,病部生灰霉后,会产生很小的近圆形黑色菌核;茎基部侵染,病情从下向上扩展,或从外层叶延至内层叶,致叶球腐烂,其上遍生灰霉,后产生小的近圆形黑色菌核(图 4-5)。

图 4-5 松花菜灰霉病植株症状

病菌借气流和雨水传播,发育适温 20℃左右,要求 90%以上相对湿度,喜弱光。

2. 防治技术

(1)农业措施。深沟高垄(畦)覆盖地膜栽培。施足基肥,保持植株健壮生长。保护地生产时,要把控好棚室内温度、湿度变化,防止高湿,特别是地表湿度不宜太大,及时放风排湿。及早发现病株,摘除病叶带出田外深埋。

（2）药剂防治。发病初期及时喷药,可选用50％速克灵可湿性粉剂1500倍液,或50％扑海因可湿性粉剂1200倍液,或50％农利灵可湿性粉剂1000倍液,或40％多硫悬浮剂500倍液,或30％美帕曲星可湿性粉剂800倍液,或65％甲霜灵可湿性粉剂1000倍液,或50％乙烯菌核利可湿性粉剂1000～1500倍液,每亩喷药液50～60升,每隔7～10天防治一次,连续防治2～3次。

棚室栽培:发病初期每亩每次用10％腐霉利烟雾剂200～250克,进行熏烟;或喷洒6.5％硫菌•霉威超细粉尘剂,或5％春雷•王铜粉尘剂等药剂1千克。

（六）黑斑病

1. 发病症状

黑斑病是一种普通病害,在整个生长期均可发生。主要危害叶片,初时叶片上产生黑色小斑点,扩展后成为灰褐色圆形病斑,轮纹不明显。湿度大时,病斑上产生较多黑色霉层。发病严重时,叶片上布满病斑,有时病斑汇合成大斑,致使叶片变黄早枯。茎、叶柄也会发病,病斑黑褐色、长条状,生有黑色霉层(图4-6)。

图4-6　松花菜感染黑斑病植株叶片症状

黑斑病有细菌性黑斑病和真菌性黑斑病两种。生产中经常发生的大多是真菌性黑斑病,又称黑霉病。南方地区多发生在3月及10—11月;北方地区多发生于5—6月及秋季。

2. 防治技术

(1) 土壤消毒。选择通风、向阳、排灌方便、前3年未种植过十字花蔬菜的地块,种植前每亩用福美双或代森铵0.8～1千克拌细土沟施,或每亩用50%多菌灵可湿性粉剂0.5千克与50%福美双可湿性粉剂0.5千克,按1：1混合后拌细土穴施,或每亩用石灰粉60～80千克撒施,进行土壤消毒。

(2) 药剂防治。发病初期,可选用75%百菌清可湿性粉剂600倍液,或58%甲霜·锰锌可湿性粉剂600倍液、70%代森锰锌可湿性粉剂400～500倍液、47%春雷·王铜可湿性粉剂600～800倍液、50%福·异菌可湿性粉剂800倍液、69%烯酰·锰锌可湿性粉剂600倍液、50%甲霜铜可湿性粉剂600倍液、2%嘧啶核苷类抗生素水剂200倍液、50%腐霉利可湿性粉剂1500～2000倍液等喷雾防治,7～10天一次,连续防3～4次,采收前10天停止用药。

(七) 黑胫病

1. 发病症状

黑胫病又称根朽病、干腐病。病原为黑胫茎点霉,属半知菌亚门真菌。苗期、成株期均可发生,主要危害幼苗的子叶和幼茎。分生孢子器埋于寄主表皮下,深黑褐色,直径100～400微米,分生孢子长圆形,无色透明。感病幼苗形成灰白色圆形或椭圆形斑,其上散生很多黑色小粒点,严重时造成死苗。轻病苗定植后,主侧根生紫黑色条形斑,或引起主、侧根腐朽,致地上部枯萎或死亡,该病有时侵染老叶,形成带有黑色粒的病斑(图4-7)。

以菌丝体在种子、土壤

图 4-7 松花菜感染黑胫病植株症状

或有机肥中的病残体上或十字花科蔬菜植株上越冬。菌丝体在土壤中可存活 2～3 年,在种子内可存活 3 年。翌年气温升到 20℃开始产生分生孢子,在田间主要靠雨水或昆虫传播蔓延。

2. 防治技术

(1)床土消毒。选用葱、蒜地作苗床,如使用旧苗床育苗,播种前每平方米苗床用 50％多菌灵可湿性粉剂 8～10 克,掺过筛细土 1～1.5 千克拌成药土,均匀撒在苗床上,然后播种。

(2)药剂防治。病田土壤可用 70％敌磺钠可湿性粉剂 800 倍液,或70％硫菌灵可湿性粉剂 800 倍液,均匀施入定植沟中。发病初期,可选用 60％多·福可湿性粉剂 600 倍液、40％多·硫悬浮剂 500～600 倍液、70％甲基硫菌灵可湿性粉剂 1000 倍液、50％多菌灵可湿性粉剂 500～600 倍液、70％百菌清可湿性粉剂 600 倍液等喷雾防治,间隔 7 天 1 次,防治 2 次。

(八) 软腐病

1. 发病症状

软腐病俗称"烂菜花"。是由胡萝卜软腐欧文菌胡萝卜软腐致病型细菌引起的,主要危害花球、花梗、叶柄以及茎部。多发生在生长中后期,特别是花球形成期。发病初期,根部或茎部的横切面出现淡黄色至茶花色的斑点,纵剖面出现淡黄色至茶黄色的条纹;到了后期,中午萎蔫的叶片,早晚不能恢复,病株腐烂,发出恶臭味(图 4-8)。

图 4-8　松花菜感染软腐病植株症状

病原菌主要在土壤、病残体及害虫体内越冬，带有病残体的未腐熟肥料也是侵染源。病原从寄主的伤口、自然孔侵入，在薄壁组织中繁殖，病原在幼苗期从根部根毛区侵入寄主，潜伏在维管束组织中，第二年通过雨水、灌溉水、施肥、昆虫等传播。

2. 防治技术

（1）土壤消毒。土壤中的病残体是软腐病的主要侵染源，采用土壤消毒等措施创造无病土壤是控制软腐病发生的重要手段。利用夏季太阳能进行土壤消毒，深耕土壤、灌水、密封大棚，通过高温、水淹杀灭病菌。还可用生石灰撒施地面，每亩用 75 千克，然后深翻 2 遍，利用生石灰杀菌，既可以调节土壤酸碱度，又有补充钙元素的作用。

（2）种子消毒。用 50℃温水浸种 20 分钟，也可用 72％硫酸链霉素可溶性粉剂 1000 倍液浸种 2 小时，稍微晾干后播种。

（3）药剂防治。可选用 72％硫酸链霉素可溶性粉剂 3000～4000 倍液，或 20％噻枯唑可湿性粉剂 600 倍液、2％春雷霉素水剂 500 倍液、90％新植霉素可溶性粉剂 4000 倍液，20％噻菌铜悬浮剂 500 倍液，78％波尔·锰锌可湿性粉剂 500 倍液，30％氯氧化铜悬浮剂 800 倍液，50％消菌灵可溶性粉剂 1200 倍液，14％络氨铜水剂 350 倍液等喷雾或灌根，7 天 1 次，共防 2～3 次，采收前 5～7 天停止用药。

（九）根肿病

1. 发病症状

根肿病主要危害植株根部，主、侧根及须根上形成大小不一的肿瘤（图 4-9）。因根部受害，导致病株明显矮小，叶片由下而上逐渐发黄萎蔫。发病前期晚间叶片还可恢复正常，后期逐渐使植株枯死。一般根肿病病菌可在土壤中存活 6～7 年，在

图 4-9　松花菜感染根肿病植株根部症状

田间主要靠雨水、灌溉水、昆虫和农具传播，远距离传播主要靠病根或带菌土壤（基质）。

气温 18～25℃、土壤偏酸性、土壤含水量 70％～90％、连作地、低洼地是根肿病发生的适宜条件。

2. 防治技术

（1）轮作种植。发病地块应与非十字花科作物实行 3 年以上轮作种植。

（2）拔除病株。勤巡视菜田，发现病株立即拔除，带出田外销毁，对土壤撒石灰消毒，防止病菌向邻近植株扩散；收采时应连根拔起，集中销毁。

（3）土壤消毒。酸性土壤在种植前，每亩施 100～150 千克生石灰，或用 70％五氯硝基苯粉剂 800 倍液，每亩 2.5 千克拌细土，结合整地施用。

（4）药剂防治。发病初期，可选用 50％硫菌灵可湿性粉剂 500 倍液，或 50％多菌灵可湿性粉剂 500 倍液，或 70％甲基托布津可湿性粉剂 800 倍液灌根，每株用药液 300 毫升。

（十）菌核病

1. 发病症状

菌核病病原为核盘菌，属子囊菌亚门柔膜菌目核盘菌属真菌。菌丝体白色，棉絮状。病菌喜温暖高湿的环境，适宜的发病温度范围 0～30℃，最适温度为 20～25℃，相对湿度 90％以上。苗期、成株期、采种株均可发病。苗期发病，在近地面的茎基部出现水渍状病斑，很快腐烂，生白霉或猝倒；成株期发病，多在近地面的茎、叶柄、叶片或叶球上出现水渍状淡褐色不规则的病斑，后期病组织软腐，病部表面长出白色至灰白色絮状菌丝体和黑色鼠粪状菌核；采种株多在终花期发病，除侵染叶、荚外，可引起基部腐烂、中空，表面及髓部生白色絮状菌丝和黑色菌核，晚期致茎秆倒伏（图 4-10）。

图 4-10　松花菜感染菌核病植株症状

病原菌以菌核在土壤、种子、病残体、堆肥中越冬,通过土壤、种子及气流传播。

2. 防治技术

(1)农业防治。选用抗病品种,合理轮作,清洁田园,健康栽培管理等。

(2)药剂防治。播种前可选用50%多菌灵可湿性粉剂300~400倍液拌种或浸种消毒;发病初期,可选用50%腐霉利可湿性粉剂1000倍液,或50%乙烯菌核利可湿性粉剂1000倍液,50%异菌脲可湿性粉剂1000倍液,50%硫菌灵可湿性粉剂1000倍液,40%菌核净可湿性粉剂800倍液喷雾,每7~10天喷1次,连续2~3次。

第二节　松花菜、结球甘蓝的害虫防治技术

一、松花菜、结球甘蓝主要害虫

危害松花菜和结球甘蓝的主要害虫有菜青虫、斜纹夜蛾、小菜蛾、菜螟、黄曲条跳甲、菜蚜、烟粉虱、白粉虱、美洲斑潜蝇、菜花瘿纹、菜花蓟马、蛞蝓、野蜗牛,地下害虫有蝼蛄、蛴螬等。

二、综合防治技术

推广应用生态调控、生物防治、物理防治、科学用药等绿色防控技术。

1. 生态调控

在园区内种植天敌诱集带作物,保护、利用自然天敌,增强自然控制害虫能力和作物抗虫能力。

2. 生物防治

推广以虫治虫、以螨治螨、以菌治虫等生物防治技术,加大赤眼蜂、捕食螨、绿僵菌、白僵菌、苏云金杆菌(Bt)、枯草芽孢杆菌等,以及植物源农药、植物诱抗剂等生物生化制剂应用技术。

3. 物理防治

推广昆虫信息素（性引诱剂、聚集素等）、杀虫灯、诱虫板（黄板、蓝板）防治技术，以及植物诱控、食饵诱杀、防虫网阻隔和银灰膜驱避害虫等理化诱控技术。

4. 科学用药

推广高效、低毒、低残留、环境友好型农药，优化集成农药的轮换使用、交替使用、精准使用和安全使用等配套技术。

三、主要害虫防治技术

（一）菜青虫

1. 危害症状

菜青虫成虫叫菜粉蝶、菜白蝶、白粉蝶，以幼虫食叶，二龄前食叶肉，留下一层透明的表皮；三龄后可蚕食整叶片，轻则虫孔累累，重则仅剩叶脉，影响植株生长发育和包心，还能诱发软腐病（图 4-11）。

图 4-11　松花菜菜青虫危害叶片症状

2. 生物防治

棚室内栽培的，或大面积生产的地区，可释放天敌或喷施生物制剂进行防治。可用苏云金杆菌乳剂 1000 倍液、菜青虫 6 号液剂 800 倍液，再加入 0.1％洗衣粉喷雾防治。或采用昆虫生长调节剂，如国产除虫脲或灭幼脲的 20％或 25％悬浮剂 500～1000 倍液。此类药剂作用缓慢，要提早喷药。

3. 化学防治

要把幼虫消灭在三龄以前。可选用5％氟啶脲乳油4000倍液,5％氟虫脲乳油1500倍液,20％氰戊菊酯乳油3000～4000倍液,2.5％氯氟氰菊酯乳油1000倍液,10％虫螨腈乳油1000倍液等喷雾防治,或每亩用9％辣椒碱·烟碱微乳油50～60克,加水喷雾。

(二)斜纹夜蛾

1. 危害症状

斜纹夜蛾主要以幼虫危害,幼虫食性杂,且食量大,初孵幼虫在叶背危害,取食叶肉,仅留下表皮;三龄幼虫后造成叶片缺刻、残缺不堪甚至全部吃光,蚕食花蕾造成缺损,容易暴发成灾(图4-12)。

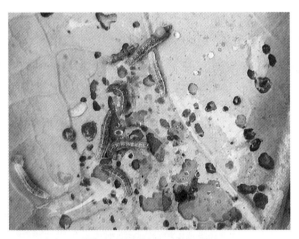

图 4-12　斜纹夜蛾危害叶片症状

2. 生物和物理防治

在幼虫初孵期,用斜纹夜蛾核型多角体病毒杀虫剂1500倍液喷雾;采用黑光灯、频振式杀虫灯诱蛾,灯具高度1.2～1.5米,7—9月每晚开灯9小时。

3. 药剂防治

幼虫三龄前为点、片发生阶段,可结合田间观测进行挑治。幼虫四龄后夜出活动,施药应在傍晚前后进行。药剂可选用10％氯氰菊酯乳油

1500 倍液、10％高效氯氰菊酯乳油 1000～1500 倍液、5％啶虫隆乳油 1000 倍液、25％除虫脲可湿性粉剂 1500 倍液、15％茚虫威胶悬剂 3500 倍液、20％抑食肼可湿性粉剂 1000 倍液、5％氟虫脲乳油 1000～1500 倍液等喷雾防治,每隔 15 天喷 1 次,共防 2～3 次。

保护地栽培,可每亩用 22％敌敌畏烟雾剂 20 克,或 10％氰戊菊酯烟雾剂 35 克等进行烟熏。

(三) 烟粉虱

1. 危害症状

成虫和若虫主要群集植株叶片和嫩茎,以刺吸式口器吸吮汁液,使叶片褪绿、变黄以致萎蔫,降低光合作用和呼吸作用,直接影响植物的生长发育而降低产量,并且还分泌蜜露,污染叶片和果实,导致霉菌繁衍,发生"煤污病",直接影响蔬菜作物的质量,降低其商品率。叶菜类如甘蓝、花椰菜受害表现为叶片萎缩、黄化、枯萎(4-13)。同时烟粉虱还可传播多种病毒病,传播病毒病所造成的经济损失甚至比直接危害还要严重。

图 4-13　烟粉虱危害叶片症状

2. 药剂防治

可选用 20％噻嗪酮可湿性粉剂 1500 倍液,或 2.5％氟氯氰菊酯乳油 2000 倍液、20％甲氰菊酯乳油 2000 倍液、10％吡虫啉可湿性粉剂 1500 倍液等喷雾防治。同一片菜园采取联防联治,提高总体防治效果。

(四) 美洲斑潜蝇

1. 危害症状

成虫、幼虫均可危害。雌成虫在飞翔中以产卵器刺伤叶片，吸食汁液，造成伤斑。并将卵散产于伤孔的表皮之下，每个雌虫产卵量一般在200～600粒，经2～5天孵化。幼虫潜入叶片和叶柄蛀食叶肉组织，产生不规则的带湿黑和干褐色区域的蛇形白色虫道，破坏叶绿素，影响光合作用。受害重的叶片脱落，造成花芽、果实被灼伤，严重时造成毁苗（图4-14）。

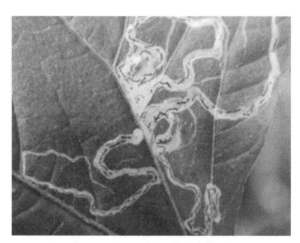

图4-14　美洲斑潜蝇危害叶片症状

2. 物理防治

成虫始盛期至盛发末期，每亩设置15个诱杀点，每个点放置1张诱蝇纸诱杀成虫，每3～4天换一次。

3. 药剂防治

当受害叶片有幼虫点片发生时，二龄前可选用1.8%阿维菌素乳油3000～4000倍液，或25%杀虫双水剂500倍液、10%吡虫啉粉剂1500倍液、20%甲氰菊酯乳油1000倍液、20%氰戊菊酯乳油1000倍液等喷雾防治。

(五) 蝼蛄

1. 危害症状

蝼蛄食性极杂，可危害多种蔬菜，成虫、若虫在土壤中咬食播下的种子和刚出土的幼芽,或咬断幼苗,受害的植株根部呈乱麻状。蝼蛄活动时会将土层钻成许多隆起的隧道,使根系与土壤分离,致使根系失水干枯而死(图 4-15)。在温室、大棚内因气温较高,蝼蛄活动早,对苗床的危害更重。

图 4-15　蝼蛄危害根部症状

2. 药剂拌种

用 50%辛硫磷乳油拌种,用药量为种子重量的 0.1%,堆闷 12～24 小时,药剂拌种时用药量力求准确,拌药要均匀。

3. 毒饵诱杀

将麦麸、豆饼、秕谷等炒香,拌入 90%晶体敌百虫 30 倍液,以拌湿为度。每亩用毒饵 2 千克左右,于傍晚在播种后的苗床上成堆放置,可诱杀蝼蛄,也可用畜粪等作饵料拌敌百虫诱杀。

(六) 蛴螬

1. 危害症状

蛴螬咬食幼苗嫩茎,当植株枯黄而死时,它又转移到别的植株继续危害。此外,因蛴螬造成的伤口还可诱发病害。其中植食性蛴螬食性广泛,危害多种农作物、经济作物和花卉苗木,喜食刚播种的种子、根、块茎以及幼苗(图 4-16),是世界性的地下害虫,危害很大。

2. 药剂拌种

用 50%辛硫磷乳油拌种,用药量为种子重量的 0.1%,堆闷 12～24 小

图 4-16　蛴螬危害根部症状

时,药剂拌种用药力求准确,拌药要均匀。

3. 灌根防治

开始发现蛴螬危害时,用 90％晶体敌百虫 800 倍液灌根,每株灌 0.1~0.2 升。

4. 喷杀成虫

用 2.5％敌百虫粉,或 90％晶体敌百虫 1500 倍液,于成虫主要栖息地和其活动、取食场所,进行地面喷施。

第五章　松花菜、结球甘蓝采收及商品化处理

松花菜和结球甘蓝采收技术,是根据花球成熟度、市场供应紧缺情况,以及天气变化等因素,确定适宜的采收时期和采收方法。对商品销售还应进行采后处理,以利产品的运输,延长产品质量和寿命,适于净菜上市和超市销售的要求,方便消费者购买,并提高蔬菜产品的附加值,促进菜农增收致富,推动蔬菜产业化进程。

第一节　松花菜和结球甘蓝的采收

一、采收时期

采收时期的确定主要取决于松花菜花球、结球甘蓝叶球的成熟度、市场行情、消费需求等因素。

(一) 花(叶)球成熟度

处于不同成熟度的花(叶)球,其营养成分在种类和数量上都有很大的差异。结球的"成熟"常有两种不同含义:一是商品成熟,二是生理成熟。

1. 商品成熟

花(叶)球生长到适于食用的成熟度,即具有该品种适于食用的形状、大小、色泽品质,为商品成熟。

2. 生理成熟

花(叶)球器官适于食用时,正是松花菜和结球甘蓝达到生理上的成熟,如果提早采收,则产量低、品质差。一般采收后可以直接就近上市的成熟度可高一些,反之采收后需要长途运输、冷藏保鲜的,成熟度可稍低一些。

（二）采收标准

1. 硬度标准

常用的成熟度标准是根据产品器官的硬度变化来确定的。松花菜、结球甘蓝采收时，要求花球、叶球有一定的硬度，结球紧实，表明发育良好，充分成熟，达到采收质量标准。

2. 植株生长状态标准

松花菜、结球甘蓝植株地上部生长状态以及产品器官外部形态、色泽等，也可以作为判定成熟度、确定采收时期的标准。

（三）采收时期

松花菜和结球甘蓝可以一次性采收，采收时间可以适当延迟。松花菜采收标准比较严格，采收适期弹性小，一定要掌握好采收时期，及时采收上市，不可提前也不能延迟，以保证商品质量。

二、采收方法

松花菜和结球甘蓝以手工工具采收为主。采摘时拿一把小弯刀，对准花球或叶球下部的茎横割，带1～2片内叶，割下来的花（叶）球放入筐内，运出田外装车；也可采用机械化采收。

第二节　松花菜、结球甘蓝
采后商品化处理

花（叶）球采收后进行商品化处理，是销售前的必需环节，因为花球、叶球采收后依然在进行呼吸作用、蒸腾作用，导致产品发生损耗和失水，同时也易因采收时的损伤导致微生物感染，极易腐败变质。

一、花（叶）球采后整理

整理是采后处理的第一步，剔除有机械损伤、病虫危害、外观畸形等不符合商品要求的产品,以便改进产品的外观,改善商品形象,便于包装贮运,有利于销售和食用。从田间收获后,带有残叶、黄叶、病虫污染等,影响产品外观和商品质量,而且更重要的是携带有大量的微生物孢子和虫卵等有害物质,成为采后病虫害感染的传播源,引起采后的大量腐烂损失,必须进行适当的处理。除去过多的外叶、不可食用的部分,只留存适当的保护叶。整理好的花(叶)球,每棵套上一个白色泡沫网带,平放入商品篮子里,运送到冷库里。

二、采后预冷

(一) 预冷的作用

一是快速排除采后所带的田间热,节省运输和贮藏中的制冷负荷;二是在运输贮藏前使产品尽快降低品温,快速抑制呼吸作用和降低生理活性,以便更好地保持产品的生鲜品质;三是快速降低产品温度,减少贮运初期的温度波动,防止结露现象发生;四是减少营养损失和水分损失,延缓变质和成熟的过程,延长贮藏寿命;五是抑制微生物的侵染和生理性病害的发生,提高耐贮性。

(二) 预冷的方法

预冷是花(叶)球低温冷链保藏运输中必不可少的环节,预冷措施必须在产地采收后立即进行。预冷的方法很多,最简单的是将产品放在阴凉、通风的条件下,使其自然冷却,也可将产品浸渍在冷水中,或用流水漂洗、喷淋,使温度降低。目前常用的预冷技术主要有冷库预冷(冷风预冷)、冷水预冷、冰预冷、真空预冷、压差预冷。预冷所要达到的温度,因蔬菜种类、品种、运输条件、贮藏时间长短等不同而异。

1. 冰块预冷

冰块预冷是通过冰的融化,吸收花(叶)球的热量,使果蔬降温的方法。包括在包装箱或托盘内放入冰,或用冰覆盖在托盘上。冰和产品的接触会促使产品快速冷却,这种冷却方法经常结合运输进行。一般把产品由35℃降至2℃所需冰的质量为该产品质量的38%。这种冷却方法适用于与冰接触不易产生伤害的产品或需要在田间立即进行预冷的产品。但冰预冷降低温度和保持产品品质的作用有限，只能作为其他预冷方式的辅助措施。由于冰块的最高温度为0℃，与花（叶）球长时间直接接触容易产生冷害，采用覆冰预冷时温度变化不均匀，冰块融解不均衡，易造成运输过程中车辆的安全隐患。目前电商较多采用蓄冷剂冰袋预冷，多为一次性使用，但这容易造成较大的浪费与污染。

2. 冷风预冷

冷风预冷是使冷空气迅速流经产品周围，使之冷却。冷风预冷可以在低温贮藏库内进行，也叫冷库预冷，将花（叶）球装箱，纵横堆码于库内，箱与箱之间留有空隙，冷风循环时，流经产品周围将热量带走。这种方式适用于任何种类的蔬菜，预冷后可以不搬运，原库贮藏。但该方式冷却速度较慢，短时间内不易达到冷却要求。

3. 压差预冷

压差预冷是在产品垛靠近冷却器的一侧竖立一隔板，隔板下部安装一风扇，风扇转动使隔板内外形成压力差。产品垛上面设置一覆盖物，覆盖物的一边与隔板密接，使冷空气不能从产品垛的上方通过，而要通过水平方向穿过包装上缝或孔在产品缝隙间流动，将其热量带走。差压风机为压头高的多叶轴流风机，采用抽吸的气流方式，因此，库内气流均匀，无死角。但由于冷风与果蔬直接接触，存在干耗失水现象。压差预冷是在冷库预冷的基础上弥补了其不足而研究发展起来的预冷技术。压差预冷与冷库预冷成本相当，但预冷效率可较冷库预冷提高2～6倍，预冷时间仅为冷库预冷1/10～1/4，是一种适宜大多蔬菜且成本较低的预冷方式，在发达国家应用量仅次于冷库预冷，位居第二位。压差预冷适用于果菜类蔬菜。

4. 真空预冷

真空预冷是将产品放在真空室内，迅速抽出空气至一定真空度，使产品体内的水在真空负压下蒸发而冷却降温。压力减小时水分的蒸发加快，如当压力减少到533.29帕时，水在0℃就可以沸腾，在真空冷却中，大约温度每降低5.6℃失水量为1%。真空冷却的效果在很大程度上取决于蔬菜的比表面积、组织失水的难易程度以及真空室抽真空的速度。松花菜和结球甘蓝可以使用真空冷却,要求包装容器能够通风(表 5-1)。

表 5-1 松花菜、结球甘蓝预冷温度及预冷时间表

蔬菜种类	预冷温度/℃	冷库温度(菜温)/℃	预冷时间/小时	
			冷库预冷	压差预冷
松花菜花球	1～2	<5	24～48	4～5
结球甘蓝叶球	1～2	<5	15～20	4～6

三、松花菜和结球甘蓝贮藏保鲜

收获的花(叶)球由于脱离了与母体或土壤的联系,不再获得营养和补充水分,且易受其自身及外界一系列因素的影响,质量不断下降,甚至很快失去商品价值。为了保持蔬菜的质量和减少损失,克服消费者长期均衡需要与季节性生产的矛盾,大多数都需要进行贮藏。贮藏的方式很多,常用的有简易贮藏、通风库贮藏、机械冷藏、气调贮藏和减压贮藏等。根据贮藏温度的调控方式又可分为自然降温和人工降温。

(一)贮藏方式

1. 简易贮藏

简易贮藏包括堆藏、窖藏等形式。简易贮藏简单易行,设施构造简单,建造材料少,修建费用低廉,具有利用当地气候条件、因地制宜的特点,在缓解产品供需上又能起到一定的作用,在我国许多蔬菜产区使用非常普遍。

(1)堆藏。是将花(叶)球按一定形式堆积起来,然后根据气候变化情况,表面用席子、秸秆等覆盖,维持适宜的温湿度,保持产品的水分,防止受热、受冻、风吹、雨淋的贮藏方式。堆藏分为室外堆藏、室内堆藏和地下室堆藏。堆藏的好坏主要取决于覆盖的方法、时间及厚度等因素,覆盖有隔热或保温防冻,还能在一定程度上保持贮藏环境中一定的空气湿度,甚至能够积累一定的二氧化碳,形成一定的自发气调环境,具有一定的贮藏保鲜效果。

（2）窖藏。主要是利用窖来贮藏产品的一种方式。有棚窖和井窖，是根据当地自然地理条件的特点进行建造的。它既能利用变化缓慢的土温，又可以利用简单的通风设备来调节窖内的温度和湿度。产品能随时入窖和出窖，并能及时检查贮藏情况，在各地有广泛的应用。窖藏管理技术大致分为3个阶段：①降温阶段，产品在入窖前，首先要对窖进行清洁、消毒杀菌处理，入窖后，夜间经常打开窖口和通风孔，以尽量多地导入外界冷空气，加速降低窖及产品温度，白天由于外界温度高于窖内温度，要及时关闭窖口和通气孔，防止外界热空气侵入；②蓄冷阶段，冬季在保证贮藏产品不受冻害的情况下，应尽量充分利用外界低温，使冷量积蓄在窖体内，蓄冷量愈大，则窖体保持低温时间愈长，愈能延长产品的贮藏期限，因此冬季应该经常揭开窖盖和通气孔，以达到积蓄冷量的目的；③保温阶段，春季来临以后窖外温度逐步回升，为了保持窖内低温环境，此时应严格管理窖盖和通气孔，尽量少开窖盖和减少人员入窖时间。

2. 通风库贮藏

通风库贮藏是指在有较为完善隔热结构和较灵敏通风设施的建筑中，利用库房内、外温度的差异和昼夜温度变化，以通风换气的方式来维持库内较稳定和适宜贮藏温度的一种贮藏方法。

通风库有地下式、半地下式和地上式三种形式，其中地下式与西北地区的土窖洞相似，半地下式在北方应用较普遍，地上式以南方通风库为代表。通风库宜建在地势较高、交通方便的地方，要求地下水位在100厘米以下。通风库的方向要根据当地的温度与风向而定，一般北方地区以南北长为宜，可以减少迎面风；而南方则以东西长为宜，以便减少阳光直射面、增大迎风面。库高400厘米以上，以利空气自然对流，达到好的通风降温效果。

通风系统一般由进、排气窗或进、排气筒组成。通过进、排气系统向库内引入冷空气，发生冷、热气流对流，热气流上升由排气装置排出，从而使库内降温。进气设施设置在库的下部或基部，并安装在主风方向的方位上；排气口则开设于库的上部或顶部；由于进、排气口的气压差越大，气流交换速度越快，降温效果越好，应设法增大进、排气口的垂直距离，尽量提高气压差。一般 500 吨以下的贮藏库,每 50 吨产品的通风面积应不小于 0.5 平方米。在自然通风条件下,每 1000 立方米,排气口的总面积可按 6 平方米计算。

3.机械冷藏

机械冷藏指的是利用制冷剂的相变特性,通过制冷机械循环运动的作用产生冷量并将其导入有良好隔热效能的库房中,根据不同贮藏商品的要求,控制库房内温、湿度条件在合理的水平,并适当加以通风换气的一种贮藏方式。

(1)机械冷库类型。根据制冷要求不同分为高温库(0℃左右)和低温库(低于－18℃)两类,用于贮藏新鲜蔬菜产品的冷藏库为前者。机械冷藏要求有坚固耐用的贮藏库,且库房设置有隔热层和防潮层以满足人工控制温度和湿度贮藏条件的要求,适用产品对象和使用地域不断扩大,库房可以周年使用,贮藏效果好。

(2)冷库的结构。保鲜冷库的围护结构主要由墙体、屋盖、地坪、保温门等组成。目前,围护结构主要有 3 种基本形式,即土建式、装配式及土建装配复合式。①土建式冷库的围护结构是夹层保温形式;②装配式冷库的围护结构是由各种复合保温板现场装配而成,可拆卸后异地重装,又称活动式;③土建装配复合式的冷库,承重和支撑结均是土建形式,保温结构是各种保温材料内装配形式,常用的保温材料是聚苯乙烯泡沫板多层复合贴敷或聚氨酯现场喷涂发泡。

(3)制冷系统。是保鲜冷库的心脏,该系统是实现人工制冷及按需要向冷藏间提供冷量的多种机械和电子设备的组合。机械冷藏库通过制冷系统持续不断运行排出贮藏库房内各种来源的热能,达到并维持适宜低温。制冷系统包括制冷剂与蒸发器、压缩机、冷凝器和必要的调节阀门、风扇、导管和仪表等。

(4)温度管理。产品入库后应尽快达到贮藏低温,不同蔬菜贮藏的适宜温度有差别,松花菜和结球甘蓝的花(叶)球小于 5℃。贮藏过程中温度的波动尽可能小,最好控制在±0.5℃以内。此外,库房所有部分的温度要均匀一致,这对于长期贮藏的新鲜蔬菜产品来说尤为重要。

（5）湿度管理。相对湿度应控制在 80%～95%，保持相对湿度的稳定。库房建造时，增设能提高或降低库房内相对湿度的调节装置，是维持湿度符合规定要求的有效手段。人为调节库房相对湿度的措施：①当相对湿度低时，需对库房增湿，如向地坪洒水、空气喷雾等，对产品进行包装，创造高湿的小环境，如用塑料薄膜单棵套袋或以塑料袋作内衬等；②当相对湿度过高时，可用生石灰、草木灰等吸潮，也可以通过加强通风换气来达到降温目的。

（6）通风换气管理。机械冷藏库必须要适度通风换气，保证库内温度分布均匀；降低库内积累的二氧化碳和乙烯等气体浓度，以达到贮藏保鲜的作用。通风换气的频率视蔬菜种类和入贮时间而有差异。对于新陈代谢旺盛的蔬菜，通风换气的次数可多些。通风换气时间的选择要考虑外界环境的温度，理想的是在外界温度和贮藏温一致时进行，防止库房内外温度不同带入热量或过冷对产品带来不利影响。生产上常在每天温度相对最低的晚上到凌晨这一段时间进行。

为了保证良好的制冷效果，必须经常对制冷系统进行维护，对直接输冷式的蒸发器进行经常冲霜，还要保证制冷剂不泄漏。

4. 气调贮藏

气调贮藏是调节气体成分贮藏的简称，指的是改变蔬菜产品贮藏环境中的气体成分来延缓衰老、减少损失的一种贮藏方法。气调贮藏被认为是当代贮藏蔬菜产品效果最好的贮藏方式。通常是增加二氧化碳浓度和降低氧气浓度以及根据需求调节气体成分浓度。

（1）气调贮藏的特点。正常空气中氧和二氧化碳的浓度分别为 20.9% 和 0.03%，其余的为氮气等。通过降低氧气浓度或增加二氧化碳浓度等改变了气体浓度组成，抑制新鲜蔬菜的呼吸作用、蒸发作用和微生物的侵染，达到延缓新陈代谢速度，推迟后熟、衰老和变质的目的。对气调反应良好的新鲜蔬菜产品，运用气调技术贮藏时寿命可比机械冷藏增加 1 倍甚至更多。

（2）气调贮藏的影响因素。

温度：降低温度对延缓呼吸作用、减少物质消耗、延长贮藏及保鲜期的重要性是其他因素不可代替的。贮藏温度决定于贮藏品种种类和条件,一般在保证产品正常代谢不受干扰的前提下,可尽量降低贮藏温度,同时力求稳定。一般气调贮藏的温度比机械冷藏稍高 1℃ 左右。

相对湿度:维持较高的相对湿度,对于降低风贮藏蔬菜与大气之间的蒸气压差,减少蔬菜产品的水分损失具有重要作用。气调贮藏时要求相对湿度比冷藏库高,一般蔬菜保鲜贮藏要求环境的相对湿度在 90% 以上,个别品种可高达 95%~98%。

气体浓度:气调贮藏中低浓度氧气在抑制后熟作用(调控乙烯的产生)和抑制呼吸中具有关键作用。一般以能维持正常的生理活性、不发生缺氧(无氧)呼吸为底线。引起蔬菜无氧呼吸的临界氧气浓度在 2%~2.5%。提高二氧化碳的浓度对延长蔬菜的贮期有效果,但其浓度过高,会导致风味恶化和二氧化碳中毒的生理病害。二氧化碳的最有效浓度取决于不同产品对二氧化碳的敏感性,及其他相关因素的相互关系。

乙烯:贮藏的蔬菜产品会有乙烯产生,气调贮藏中应尽量排出乙烯。通过降低氧气浓度,增加二氧化碳浓度,能够减少乙烯的生成量。

(3) 气调贮藏的类型。

可控气调贮藏:蔬菜产品密封在不透气的气调室(库)中,利用产品自身的呼吸作用,借助气调机械设备,对封闭系统中氧气和二氧化碳的组成进行调节,使之符合气调贮藏的要求。该方法能有效地控制贮藏环境的气体组成,贮藏质量较高,但是所需设备条件高,成本也高。

自发气调贮藏:是依靠蔬菜产品自身的呼吸作用和塑料的透气性能来调节贮藏环境中氧气和二氧化碳浓度,使之符合气调贮藏的要求。塑料薄膜越薄透气性越好。硅橡胶膜的透气性比一般塑料薄膜大 100~400 倍,将其与塑料薄膜结合能弥补单纯使用塑料薄膜的缺陷。

5. 减压贮藏

减压贮藏是气调贮藏的发展,又称低压贮藏或真空贮藏。在冷藏基础上降低密闭环境中的气体压力(一般为正常大气压的 1/10 左右,即 10.1325 千帕),使贮藏室中的氧气和二氧化碳等各种气体的绝对含量下降,造成一个低压条件,起到类似气调贮藏中的降氧作用;当贮藏室中达到所要求的低压时,新鲜空气则首先通过压力调节器和加湿器,使空气的相对湿度接近饱和后再进入贮藏室,使贮藏室内始终保持一个低压高湿的贮藏环境,达到贮藏保鲜的要求。

减压贮藏室与气调库和冷藏库的主要不同点,在于有一个具有多方面作用的减压系统,由真空设备、冷却设备和增湿设备组成,起到减压作用、通风换气作用、增湿作用和制冷作用。

(1)优点。减压贮藏与一般气调贮藏和冷藏法相比,具有以下优点:与气调贮藏相比,进气简单,除了空气,不需要提供其他的气体发生装置和二氧化碳清除装置;制冷降温与抽真空连续进行,压力维持动态稳定,所以降温速度快,可以不预冷而直接入库;操作灵活简便,仅通过控制开关即可;经减压贮藏的产品,解除低压环境后,后熟和衰老过程仍然缓慢,具有较长的货架寿命;换气频繁,能及时排除有害气体,有利于长期保鲜贮藏;对贮藏物要求不高,可同时贮藏多种产品。

(2)不足点。对减压贮藏库要求较高,至少能承受 1.01325×10^5 帕以上的压力,建筑难度大,费用高;减压条件下,组织水分易散失,要注意保持高湿又要配合应用消毒防腐剂以防微生物危害;刚从贮藏室取出的产品风味不好,需要放置一段时间再出售以恢复原有风味与香味;在管理上减压贮藏不仅要注意维持低压条件,还需要仔细控制温度和相对湿度。目前该技术主要用于长途运输的拖车或集装箱运输中。

(二)蔬菜的运输

运输是蔬菜产销过程中的重要环节。在发达国家,蔬菜的流通早已实现了"冷链"流通,新鲜蔬菜一直保持在低温状态下运输。我国的蔬菜运输条件还相对落后,低温运输量相对小,大部分蔬菜用普通卡车和货车运输。

汽车运输方便灵活,可做到点对点服务,减少装卸次数,减少流通环节,加快流通速度。目前,我国铁路运输蔬菜限于冷藏车辆不足,多数采用"土保温"的方法,也就是使用普通高帮车加冰降温,加棉被或草苫(帘)保温的方法装运蔬菜。此外,也还有部分蔬菜是采用加冰保温车和机械保温车运输。

公路运输应注意以下几点:用于长距离运输蔬菜的车辆,应以大型卡车为主,车况良好;车厢应为高帮,有顶篷,装车时不能用绳子勒捆、挤压,减少运输过程中蔬菜的机械损伤;一般常温下运输应在 1000 千米以内,24 小时内到达销售网点为好;各种蔬菜耐贮运的特性不同,装车运输数量、运输距离及时间各不相同;装车时要注意包装箱、筐、袋之间的空隙,一般不能散装,车前和车的两边应留有通风口,不能盖得太严;汽车运输主要应抓住一个快字,坚持快装快运,到达销售网点后,及时卸菜,整理销售。

第六章　发展松花菜、结球甘蓝致富经验实例

一、全国松花菜第一大镇——湖北省天门市张港镇

湖北省天门市张港镇地处江汉平原,属北亚热带季风气候区,四季分明、雨量充沛、光照充足、热量丰富、气候湿润、严寒期短、无霜期长,自然环境得天独厚。张港镇种植蔬菜历史悠久,尤其以种植花椰菜最为出名,因其具有球正结实、花色洁白、晶莹剔透、风味绝佳、贮运性强和货架期长等特点,畅销北京、深圳等国内 30 多个大中城市,同时也有部分出口到蒙古国、俄罗斯以及东南亚和欧美等国家和地区。

张港镇松花菜洁白如玉,味道甘糯、口感细腻,营养丰富,富含多种微量元素硒及蛋白质、磷、铁、胡萝卜素、维生素 A、B 族维生素、维生素 K 和维生素 C 等,其中丰富的微量元素硒和生物活性物质有防癌抗癌作用,高含量的天然维生素 C 对保护心血管有益。其加工产品有松花菜净菜、速冻松花菜、腌制菜、干制菜等四个品种类型。张港镇种植松花菜历史悠久,1985 年,松花菜种植受到农民的追捧,种植面积快速扩张,松花菜种植遍布全镇 45 个村,并辐射到周边乡镇,松花菜种植成了绝大多数村民致富的主要渠道。经过 30 多年的时间,张港镇松花菜产业连片种植规模稳居全国第一。目前,全镇松花菜种植面积达到 8 万亩,总产量逾 20 万吨,菜农仅松花菜种植收入达到人均 6000 元以上。

目前,张港镇松花菜栽培品种主要有亚非白色恋人 80、福建白玉 80、台松 85,亚非白富美 100 天、松不老 130 等优良品种,主要特点是纯白商品性好、抗逆性强、产量适中、管理方便等。秋季露地育苗时间一般为 7 月中下旬到 8 月上旬,秋冬季 8 月中下旬至 9 月上旬,保护地育苗时间一般为 9 月中下旬到 11 月中旬。主要上市时间为 11 月中旬至翌年 5 月。

无论在春季或盛夏,花球经阳光照射都会发黄,在夏秋强光条件下变色更深,这种变化不仅影响商品外观,也影响花球的鲜嫩品质,故花球护理是松花菜生产过程中重要的一环。松花菜一般在花球生长达到碗口大小时,采用束叶护花、折叶盖花、套袋护花等方法,避免在生长过程中受到阳光照射而影响商品性。亚非白富美100由于其品种特性,叶片不但宽厚肥大,而且中心花球周围的内叶包裹得较紧,这样就免去了盖叶的工作,在不影响商品性的同时也大大减少了工作量,省时省工。

施肥管理措施:苗期以氮肥为主,做到薄肥勤施,促发莲座叶。现蕾前后以磷钾肥为主,重施蕾肥,一般用肥料兑水浇施,可延长膨蕾期,促进花球发育膨大。在高温干旱情况下,常见土壤水分不足而使植株吸收养分受阻,因此,施肥必须与供水有机结合,兑水浇施能够提高肥料利用率,增强速效性。在生长过程中,还要增施硼、钼、镁、硫等中微量肥料,改善植株缺素。其中硼素对花球产量和质量影响十分显著,叶面追施2～3次,尤其在花球膨大期必不可少。在中后期追肥过程中,要拒绝使用碳铵或含碳铵的肥料,以免花球产生毛花。以腐熟粪尿水为主,配合施用速效化肥,进行平衡施肥,根据植株长势和目标产量确定施肥量和施肥次数。一般在定植活棵后、莲座叶形成初期、莲座叶形成后期、现蕾时各追肥1次,共3～4次,同时,配合施用镁、硼、钼等中微量元素肥料。产品收获前20天内,不得施用任何化肥。

松花菜现蕾期最易发生的细菌性病害有黑腐病和软腐病,在未发病或发病初期,用2%春雷霉素水剂500倍液,或5%的大蒜素微乳剂60～80克/亩,或3%的中生菌素可湿性粉剂750～1000倍液均匀喷雾,每7～10天喷1次,以上药剂交替使用,连续防治2～3次。针对霜霉病等真菌性病害,发病初期,建议用687.5克/升氟菌-霜霉威悬浮剂600倍液,或25%吡唑嘧菌酯悬浮剂1500～2000倍液,或75%百菌清可湿性粉剂300～500倍液每7～10天喷1次,以上药剂交替使用,连续防治2～3次。

二、湖北省钟祥市旧口镇结球甘蓝迅速发展

湖北省钟祥市旧口镇紧靠汉江,位于江汉平原北端,是传统农业大镇。

它和柴湖镇、石牌镇、丰乐镇、胡集镇等平原湖区乡镇,通过流转土地发展结球甘蓝等蔬菜产业,规模效应显著。过去,农户以种植棉花、小麦、黄豆等传统作物为主。当传统农作物不再适应品质、多元消费需求时,一些种植大户开始把目光投向蔬菜产业。钟祥市的甘蓝、萝卜、娃娃菜、白菜等露地蔬菜,在近十几年发展中,步入快车道,其中结球甘蓝的面积增长很快,已经成为旧口镇农业增收的一大品类。

旧口镇推广多熟复种,一般上半季种完黄豆、甜(饲)玉米之后,下半季开始种圆球甘蓝,以早中熟、中晚熟品种为主,面积达到 2 万多亩。一般从 8 月 5 日播种,直到 8 月底结束。主要上市时间,从 11 月中旬持续到翌年 3 月底结束。早中熟品种亩产 4000～5000 千克,中晚熟品种亩产 5000～6500 千克。平均价格在 1.0 元～1.4 元/千克,亩产值在 5000～9000 元。每亩生产成本在 1500～1800 元,纯收益在 2500～7500 元,比种黄豆、小麦等农作物至少提高 1500 元/亩的收益。

旧口镇种植的结球甘蓝品种,中早熟类型以亚非旺旺系列为主;中晚熟类型以亚非丽丽、思特丹、楚禾五号系列为主。育苗主要以穴盘方式为主,少量开始尝试用汽播方式育苗。底肥以史丹利、中化等 15-15-15 的硝硫基复合肥为主,每亩使用 50～60 千克,在莲座初期,每亩追复合肥 10 千克和尿素 5 千克(同时补充钙、硼等微量元素),促使茎叶充分生长,莲座后期、结球初期控制氮肥的施用量,可选择性多施磷钾肥,同时继续重视硼肥、锌肥等微量元素的使用。整地定植,一般有窄垄和宽垄两种:①窄垄,垄面宽 70～85 厘米(可调),垄底宽 100～120 厘米,垄高 20～30 厘米;②宽垄,垄面宽 125～140 厘米,垄底宽 150～170 厘米,垄高 15～25 厘米,株行距一般为 35 厘米×35 厘米,亩定植 4000～4500 株。

病虫防治:近年来,湖北秋季易发干旱、洪涝等极端气候,导致结球甘蓝因为缺素引起的细菌性软腐病和黑腐病。软腐病、黑腐病可用中生菌素、溴硝醇、春雷王铜等杀菌剂防治,同时加上钙、硼等微量元素喷施。

虫害防治:主要是菜青虫和蛾类幼虫。一般每亩用 10.5％甲维盐·虫酰肼悬浮液或虫螨腈 19％、虱螨脲 5％悬浮剂 750 倍喷雾,可有效防治菜青虫和蛾类幼虫。

钟祥市旧口镇结球甘蓝是湖北省优势产区的一个代表,每年进入 11 月下旬开始,各地菜商涌入钟祥市,收购结球甘蓝后对外发货。11 月下旬至 12 月下旬,全国各大市场甘蓝都可由湖北供货,进入翌年 1 月,湖北省甘蓝主要发往北方地区。在中晚熟结球甘蓝的需求上,北方很多市场以前只关注甘蓝耐运输、不裂口、个头大的优点,不在乎口感和商品性,近几年,随着城市居民消费水平提高,市场在兼顾耐运输的同时,要求菜质要鲜,芯部要黄,这是一个较大改变。亚非丽丽品种,在湖北钟祥市,近两年在种植端和市场端跟踪来看,在中晚熟类型,既可以做市场需求的半鲜菜,又耐寒,同时产量也比早熟的鲜菜高出 1000～1500 千克/亩,经济效益可观,在 12 月下旬到翌年 2 月得到产区和市场更多客户的认可和首选。

三、河北省张家口市沽源县松花菜发展

沽源县地处河北省西北部坝上地区,东经 114°50′,北纬 41°14′,境内山脉起伏连绵,属阴山余脉,全县平均海拔 1536 米。北靠内蒙古、东依承德、南临北京、西接大同,是内蒙古高原向华北平原过渡的地带。

沽源县总面积 3653 公顷,辖 4 镇 10 乡,233 个建制村,全县常住人口 16 万人,其中农业人口 13 万人,耕地面积 156 万亩,农民人均 12 亩。

沽源县属于温带大陆性草原气候。年均气温 2.1℃,夏季平均气温 17.9℃,年均降水量 400 毫米左右,无霜期 120 天左右,气候冷凉、昼夜温差大。汛期主要在 6、7、8 月,其间降水量占全年降水量的 53%。

沽源县作为农业大县,境内无工业性污染,是生产绿色食品的理想之地。目前,该县错季蔬菜种植面积达 20 多万亩,年产 20 多个种类的鲜菜 80 多万吨,产值 10 亿元。蔬菜产业已成为全县农民创收致富的重要渠道。

沽源县松花菜种植最早从 2009 年开始,截至 2023 年,全县 4 镇 10 乡均有种植,松花菜种植面积约 5 万亩,平均亩产量 2000 千克,亩产值在 6000 元左右,扣除生产成本 3000 元(含地租),纯收益在 3000 元左右。

沽源县因为全年无霜期短,种植松花菜多为一年一茬,且昼夜温差大,对品种的稳定性要求较高。目前,沽源县 80% 的松花菜品种均是以 80 天左右采收的品种为主,品种主要特征为稳定性好,花球半松,矮脚,半青梗,

米粒中细。

当地一年一茬,育苗时间从 4 月上旬到 5 月下旬,分批次育苗,育苗间隔根据自己土地情况,在 10 天到半个月左右,最早育苗时间在 4 月初,该时间段晚上温度普遍还在零下,农户自家育苗采用双层膜大棚加小拱的方式进行保温,温度过低还会使用增温块进行增温,部分是在院子里搭建育苗大棚,有一层围墙阻挡,也能起到一定的保温作用。当地松花菜育苗因为种植面积大,苗棚面积有限,为达到育苗空间利用率最大化,多采用 105 孔穴盘育苗。为避免因穴孔小、基质少而导致苗子不够健壮,当地种植户在摆放穴盘之前会均匀撒上平衡肥,大概 2.5 千克/亩,用于在根下扎至地面后快速催苗,配合定植前半个月到 1 周左右的拉盘断根,以及放风炼苗管理,能有效使苗子更为强壮,达到定植后能快速缓苗的目的。也有通过大型育苗场进行育苗,暖棚保温以及日常管理更为标准化、规范化,出苗的一致性会更好,正常最早批次育苗到定植,苗期大概在 40 天,之后批次在 1 个月左右。

以二道渠乡为例,种植模式多为单垄双行覆膜加滴灌带定植,垄面一般在 70 厘米,覆膜宽 90 厘米,垄间距 40 厘米,垄高 15 厘米,亩定植在 2200 株,最早一批定植在 5 月上旬左右,温度还是比较低,多采用无纺布搭小拱膜进行防风保温。定植前底肥多以牛羊粪为主,在上一年结束后堆放腐熟,年后翻耕,或者年后定植前购买施用腐熟好的畜粪翻耕;后期追肥以冲施二胺及平衡肥为主,在 10 天左右缓苗后随滴灌带一起冲施管理,出球前后会喷施磷酸二氢钾提高品质。

病虫害防治,一般移栽后每 15 天左右开始用预防真菌和细菌性的杀菌剂以及杀虫剂,每 10 天左右预防一次,特别是在 6 月定植批次,汛期高温多雨,更容易滋生病害,在 2022 年和 2023 年偏高温干旱的情况下,则对虫害,特别是小菜蛾要加强预防。

沽源地区经过十几年的农业发展,土地流转,已经孕育出很多大基地,大基地在种植松花菜、销售松花菜的过程中,发现当前的松花菜市场,消费者更倾向于小米粒、白度好、花球平整、青梗类型,而作为大基地本身而言,在能兼顾菜商或者经纪人所需求的松花菜品质外,对产量、稳定性则有更高的要求。

河北坝上地区气候特征,对品种具有很大的挑战性,目前的主要品种发展趋势有两种:一种是比 80 天品种更为早熟的类型,青梗小米粒,且具有很好的稳定性,低温不易早花出毛,稳定抢早上市,高温球面平整,花粒稳定,商品性能有更高的竞争力,另外一种趋势是更为高产的类型,花球具有一定的自覆性,盖叶更为省工,白度更好,结合最佳播期,能为广大的基地大户提供更多的松花菜种植方案。

四、浙江省温州市松花菜驰名全国

浙江省温州市,东面濒东海,南面与福建省宁德市的福鼎、柘荣、寿宁三县毗邻,西和丽水市的缙云、青田、景宁畲族自治县相接,北面和东北面与台州市的仙居、黄岩、温岭、玉环四县为界。全境介于北纬 27°03′～28°36′,东经 119°37′～121°18′。地势自西向东倾斜,西部属浙南中山区,迤东高度逐渐降低为丘陵地,东部是沿海平原。陆域面积 12110 平方千米,海域面积 8649 平方千米。

温州市为中亚热带季风气候区,冬夏季风交替显著,温度适中,四季分明,雨量充沛。年平均气温 17.3～19.4℃,1 月平均气温 4.9～9.9℃,7 月平均气温 26.7～29.6℃。冬无严寒,夏无酷暑。年降水量在 1113～2494毫米。春夏之交有梅雨,7—9 月有热带气旋,无霜期为 241～326 天。年日照射数在 1442～2264 小时。

温州市种植松花菜的历史悠久,常年种植松花菜和西蓝花面积大约在12 万亩,其中松花菜 11.8 万亩,年产值约 10 亿元,主要分布在瑞安、乐清、龙湾、苍南等地。其中,瑞安市是我国秋冬季松花菜主要产区之一,已形成相当规模的松花菜种植、鲜销、冷冻、加工一体化产业链,是享誉全国的"花椰菜之乡"。还有清江花椰菜,系浙江省名优品种。

潘孝雷是温州远近闻名的松花菜"职业经理人"。十几年前,他将福建的松花菜引进瑞安,带动身边一批农民发家致富;十几年后,他抱团周边镇街数千农户打造滨海 10 万亩松花菜全产业链基地,让温州松花菜扬名全国,携一方百姓共奔富裕路。如今"上绿"合作社生产基地达到 7000 多亩,带动滨海 10 万亩田园开展松花菜种植生产,辐射 4000 多名农户加入松花菜种植销售。温州市的松花菜在上海、杭州等地市场上随处可见。

温州市为何大面积种植松花菜?温州气候条件湿润温和、光照充足,以及偏碱性的沿海土地,适合花椰菜种植。100 多年前,花椰菜在温州的瑞安、乐清、龙湾、苍南等地开始零星种植。目前,已经发展到 12 万亩的种植面积。

推广的品种主要是以 80 天和 100 天的为主,但是在苍南等本地销售的主要是以青梗小米粒的为主。松花菜种子的未来趋势:①品种优质化,球形美观,风味鲜美、口感脆嫩,富含蛋白质、维生素、矿物质;②品种广适化,解决推广面积问题,突破性大,品种具备"三性"即广适性、抗逆性、抗病性;③品种适合机械化,花球与地面距离 10 厘米以上,成熟期一致。节省人力、降低成本、适合规模化种植将是未来松花菜产业发展新要求。

市场方面,全世界花椰菜栽培面积约 1800 万亩,需种量大约 360 吨。花椰菜栽培面积最大的是亚洲,占总栽培面积的 78%,其次是欧洲和美洲。比如,印度市场对花椰菜种子的需求前景广阔且不断增长,但地区差异很大。孟加拉国对花椰菜种子的需求强劲且不断增长。

温州市为冬季松花菜主产区,以外运为主。主要品种为中晚熟品种,松花 80 播种时间主要是在 8 月中下旬,上市时间在 12 月到翌年 1 月;松花 100 播种时间主要是在 9 月初到 11 月初,上市时间在 1—3 月。作为越冬茬口,松花 80 在 11 月播种,12 月定植,4 月上市。主要供应 12 月到翌年 4 月。

当地都是露地种植,一般每亩地 1800 株左右,亩产在 2000 千克左右,1 亩地投入成本在 2800 元左右。其中土地流转费用在 1000 元左右,种子在 80 元左右,肥料 500 元左右,农药 150 元左右,农机费在 300 元左右,人工费在 800 元左右。一般松花菜市场收购价格在 3.0 元左右,1 亩地纯收入 3200 元左右。

五、江苏省徐州市结球甘蓝多熟种植效益高

江苏省徐州市位于华北平原的东南部,地处东经 116°22′～118°40′、北

纬 33°43′～34°58′。东西长约 210 千米,南北宽约 140 千米。徐州地形以平原为主,平原面积约占全市面积的 90%,平原总地势由西北向东南降低,海拔一般在 30～50 米。徐州中部和东部有少数丘陵山地。丘陵海拔一般在 100～200 米,丘陵山地面积约占全市 9.4%。徐州丘陵山地分两大类型:一类分布于市域中部,山体高低不一,其中贾汪区中部的大洞山为全市最高峰,海拔 361 米;另一类分布于市域东部,最高点为新沂市北部的马陵山,海拔 122.9 米。

徐州市属暖温带半湿润季风气候,四季分明,夏无酷暑,冬无严寒。年气温 14℃,年日照时数为 2284～2495 小时,日照率 52%～57%,年均无霜期 200～220 天,年均降水量 800～930 毫米,雨季降水量占全年的 56%。气候特点是四季分明、光照充足、雨量适中、雨热同期。四季之中,春、秋季短,冬、夏季长,春季天气多变,夏季高温多雨,秋季天高气爽,冬季寒潮频袭。

徐州市结球甘蓝,春季 3—5 月、秋季 11—12 月主要供应东北地区,对品种的要求主要是厚皮耐运输,抗病性好,球形圆,产量高。一般秋季 7 月 10 日到 8 月 15 日播种,品种为绿宝 50,上市时间为 10—11 月。8 月 15—25 日播种,大棚里种植早熟品种也是绿宝 50,上市时间为 12 月到第二年 1 月。春季 10—12 月播种,品种为美味早生,上市时间为 3—4 月。露地主要是 1—3 月播种,选用绿宝 50 品种,5—6 月上市。目前市场上 8 月 25 日播种、翌年 2—3 月上市的品种比较缺,一般这个时间容易出现病害多,需求抗病、圆球、颜色绿的品种。

当地主要是农户分散种植,种植区域比较集中,主要在黄集镇、张李庄镇和河口镇,部分向附近地区辐射,面积约 3 万亩,复种指数高,复种面积 5 万亩。种子主要从当地农资店购买,一般价格在 25～35 元/2000 粒。当地种植技术水平比较高,土壤较好,老百姓习惯高密度种植,大水漫灌,植株都长得比较壮。一般推广品种是开展度中等、球形中等、单球重 1000～1500 克的品种。

秋季一般是露地种植,采收后春季再种一批,春季结球甘蓝采收后再种一季毛豆,复种指数高,所以成本会低一些。结球甘蓝一般 1 亩地 4000

株左右,亩产在 4000~6000 千克,1 亩地投入成本在 2000 元左右。其中土地流转费用在 800 元左右,种子在 80 元左右,肥料 400 元左右,农药 150 元左右,农机费在 100 元左右,人工费在 500 元左右。一般销售价格在 1.00 元/千克左右,1 亩地纯收入 2000 元以上,1 年 3 茬,1 亩地 1 年收入在 6000 元左右。

六、甘肃省兰州市榆中县定远镇松花菜持续发展

(一)基本情况

榆中是甘肃省兰州市下辖县,位于甘肃省中部,西靠兰州市七里河、城关区,东邻定西市安定区,西南与临洮县交界,北隔黄河与皋兰、白银市平川区相望,东北和靖远县、会宁县接壤;地势南高北低,中部低洼,属温带大陆性气候,总面积 3301.64 平方千米。

榆中县地处陇中黄土高原,境内海拔 1400~3700 米,全县可分为中部川源河谷区、北部干旱山区和南部高寒二阴山区。榆中县现有耕地面积 106 万亩,土壤类型主要有高山草甸土、灰褐土、灰钙土、黄绵土等土壤,全县土壤以黄绵土为主,黄绵土属中壤质,适宜耕作。截至 2022 年末,榆中县常住人口 47.23 万人,其中农村人口 22.35 万人。

榆中县属温带半干旱气候,气候特征是春夏干旱、冬季干寒、昼夜温差大。年平均气温为 6.7℃,年平均降雨量 376.8 毫米,平均相对湿度 62%,无霜期 120 天,年日照时数 2666.5 小时,年蒸发量 1443.1 毫米。太阳总辐射量 130.5 千卡/厘米^2、日照良好。雨量主要集中在 7、8、9 月,适合北方大部分农作物的生长。

截至 2023 年,榆中县高原夏菜种植面积达 38 万亩、总产量近 86 万吨、总产值达到 23 亿元,带动农村剩余劳动力就近务工 3.2 万人,创造收入 6 亿多元,蔬菜产业已成为全县农民增收致富的重要渠道。

(二)松花菜种植

榆中县松花菜种植最早是从 2009 开始,截至 2023 年已经发展到全县定远镇、夏官营镇、连搭乡、新营乡等 14 个乡镇种植面积约 6 万亩,平均亩

产量 2000 千克,亩产值 7000 元,扣除生产成本 2500 元(不含地租),纯收益 4500 元,比当地种植其他农作物提高 2000~4000 元/亩生产效益。

　　榆中县不同乡镇结合各自的气候和资源特点,都总结出了一套适合自身特点的栽培管理方式。比如新营乡二阴山区灌溉不便、降雨量少,通过榆中县农技人员多年试验研究,首创推广了"全膜双垄三沟栽培技术",集雨、抗旱、增效等特点明显。金崖镇灌溉便利,气候温暖,农户为了操作便利、节省人工,采用全膜覆盖平地移栽的方式。定远镇海拔介于新营乡和金崖镇之间,灌溉条件相对便利,气候较金崖镇稍微冷凉一些,因此,当地农户多采用高垄覆膜双行定植的栽培模式。

　　由于定远镇松花菜产业发展相对较早,产业形态比较成熟,气候处于榆中县的中段位置,因此主要以定远镇为例介绍松花菜的种植技术经验。

　　定远镇不同村庄、不同田块海拔不同,小气候略有差异。以该镇的蒋家营村为例,平均海拔 1700 米,1 年中松花菜种植茬口较多。最早是在 1 月底前后播种育苗,3 月中旬前后地膜下定植的暗窝茬口。一般选择 90 天左右的株型直立、有一定自覆性、倒春寒不易抽薹不易起毛、花面平整度好、产量高、梗色青梗或者半青梗、不易起水花球、颜色白的品种,一般 6 月中旬前后收获完毕。此时农户一般会及时清理田间垃圾后在原有的垄面上移栽一茬耐热松花菜。此茬口一般会选择 100~110 天的株型直立、有一定自覆性、高温期间花面平整度好、不易起毛、花粒较细、花球厚实、梗色半青梗、抗病性好、颜色白的品种,该茬口一般 8 月底前后收获完毕后清理整地等待来年使用。

　　其次是露地茬口,最早一般 2 月 10 日前后育苗,3 月 25 日之后移栽,最晚可到 4 月 20 日。该茬口一般选择 90~100 天的、有一定的耐寒性和耐热性的、株型直立的、青梗或者半青梗品种。6 月底至 7 月下旬收获完毕。此时收拾好田间的菜叶子也会及时在原有的垄面上移栽一茬较耐热松花菜。一般选择 90~100 天的、有一定耐热性的、株型直立的、有一定自覆性的、青梗或半青梗松花菜品种或者西蓝花品种,该茬口一般 9—10 月收获后清理整地,等待来年使用。

　　种植一茬的一般在 4 月下旬至 5 月上旬定植,7 月下旬至 8 月中旬上市,该茬口一般选择 100～110 天有较好的耐热性、株型直立、有一定自覆性的品种。

蒋家营村作为榆中县蔬菜产业发展最早、模式最成熟的产区之一,大部分农户都采用漂浮式育苗的方式。一般是先采用方盘装上基质,压实后将种子均匀播到装好基质的方盘中,再盖上 0.5 厘米厚度的基质,用喷雾器喷水至方盘底部刚好渗出水分为宜,将播种完成的方盘转移至温暖且有阳光的地方,覆盖透明薄膜等待出芽,一般 2～3 天后观察方盘,种子破土超过90%时去掉塑料薄膜并用喷壶不定期给方盘浇水,保证方盘中基质不至太干,但是也不能水量过大导致基质过湿。大概 2～3 天后,待幼苗转绿并且苗子稍微健壮时可以进行分苗前的准备工作。将苗床漂浮水池根据计划分苗数量搭建好并铺上厚塑料膜,这些工作完成后往漂浮水池中加入自来水或者井水并按照比例兑入杀菌剂和适量的肥料或者生根剂,漂浮池准备好后可以安排分苗。分苗一般选用 162 孔、经过灭菌的泡沫漂盘,基质中加水搅拌均匀至干湿适度后装盘至与苗盘平齐,之后用细筷子等工具将方盘小苗一株一株地分别移栽入漂盘的不同孔洞中,并保证苗子在孔洞的中央、无倒伏、无根系外露等。每分满一个漂浮盘,就直接将其放入之前准备好的漂浮池,直到所有的苗子分苗完成全部放入漂浮池后,进行正常的苗棚保暖和降温以及通风和盖棚等管理,做好苗期病虫害的防治管理以及在幼苗生长至 7～8 厘米时,可以向叶片喷施适量的叶面肥或者在漂浮池中兑入适量的肥料(漂浮池兑入肥料时应注意先将漂浮盘取出,带肥料溶液搅拌均匀后再将漂浮盘放入水中,避免肥料不均匀而出现烧苗现象)。

根据温度和管理方式的不同,松花菜苗子可以在 50～70 天移栽到大田。松花菜一般栽植株距 55～60 厘米、行距 45 厘米左右。每亩定植 2200 株左右。蒋家营村一般都是年初整地起垄覆膜,垄面宽 55 厘米,垄高 15 厘米,垄间距 45 厘米,覆膜宽 80 厘米,暗窝茬口覆盖透明地膜,其他茬口覆盖黑色地膜为主。连茬种植蔬菜时不再破坏原有的垄面和垄膜,在原有的垄面上移栽。因此底肥 1 年只施用 1 次,一般是磷酸氢二铵 50 千克,复合肥 25 千克,有机肥很少施用,部分农户间隔几年会往田间施用一些腐熟的牛羊粪等。松花菜移栽后主要是做好垄间的中耕松土除草和追肥浇水等工作,定植至采收的生长过程中一般固定在定植后 1 个月前后追 1 次肥料,在垄下靠近地膜的地方沟施,一般 1 亩地磷酸氢二铵 50 千克、复合肥 50 千克,之后在出花前后和花球膨大期根据情况选择是否追肥。如果蔬菜行情好,农户想抢价格就会多次追肥,并且追足肥。如果蔬菜行情差,就可能不追肥。连茬松花菜追肥方式与春茬一样。浇水都是大水漫灌,刚移栽后浇一次水,移栽 1 个月前后追肥时再浇一次水,其他时间看田间墒情以及是否追肥等决定是否浇水,一般松花菜移栽后浇 3～7 次水不等。松花菜相对病虫害防治比较简单,春季一般移栽后用 3 次预防真菌和细菌的杀菌剂＋防治杀虫、吊丝虫等虫害的杀虫剂＋叶面肥。夏秋季因为气温高,病虫害发生快,一般 10 天左右用 1 次药,用药种类和春季相同。当地相对比较干旱,一般草害不是特别严重。当地农户地膜一般使用黑色地膜,它具有防草的功效。就算早春暗窝茬口只能使用透明地膜,农户一般后期也会在地膜上面覆土降低膜下光照,控制杂草。垄间距的杂草农户一般使用电动小型旋耕机翻耕除草,基本不使用除草剂。

(三) 松花菜销售

蒋家营村松花菜成熟后都是菜农自己每天凌晨 1—3 时(夏季一般凌晨采收,秋冬季一般早上或下午采收)下田采收出不带叶片的净菜,从田间用背篓背出田外,在马路边装车后,于早上 5—8 时在本村的冷库销售。蒋家营村的冷库很多,当菜农把菜从田里运出来拉到去冷库的路上就会有一些代办人员上前查看菜品质量,以质论价和菜农交谈,价格双方都满意后,菜农会将菜拉到代办人员指定的冷库上过磅交菜,在冷库交菜的过程中也会有菜商时刻关注菜农拉过来的菜是否符合自己的品质要求,将品质不达标的菜挑拣出来,品质合格的菜会套上网套入库打冷后发到市场销售。菜入库完成后,菜农会开着自己的三轮车或者小货车带上被挑拣出来的、质量不达标的菜去冷库统一的磅秤处除皮,除皮后得出的净重量会拿到菜商处结账,结账完成后菜农会将挑拣出来的质量一般的松花菜在冷库外边销售给附近专门收购的小贩。

(四) 松花菜生产面临的问题

松花菜作为蒋家营村的支柱产业,目前已经占据当地蔬菜种植面积的

80％以上。并且根据近几年松花菜的消费群体不断扩大，相信未来几年松花菜会持续作为蒋家营村最重要的支柱性产业之一。但是如何保持这种产业优势，其实还是面临着一些挑战。主要就是人口老龄化和重茬病害等问题。

众所周知，消费者都愿意选择颜色洁白的松花菜，但是确保松花菜表面洁白的第一步就是要求在生产环节对松花菜花球使用叶片或者纸袋遮盖，挡住太阳光，避免太阳光将花球晒黄而失去卖相。这项工作需要花费很多精力并且有一定的经验要求。因为每块田里的松花菜苗子即使是同一天移栽，同样的管理方式，也不能保证所有的植株生长速度是一致的，因此盖花球的工序不会一次到位，需要根据不同植株的生长阶段选择可以遮盖的花球及时遮盖，不能遮盖的花球只能阶段性地等田间巡查及时遮盖。

另外，如果用叶子遮盖花球还会面临着同一个植株随着花球不断膨大和夏天的高温干旱，会将覆盖花球折断的叶片晒蔫或者晒干，导致花球外露，因此，需要不定期检查未被叶片完全覆盖的花球，进行二次覆盖。就算是用纸袋遮盖，也会面临着高温干旱时纸袋内部蒸汽散发不及时会烫伤花球，因此在高温期间用纸袋盖花球还需要在纸袋上折叶覆盖，以降低纸袋内温度，避免蒸汽过多烫伤花球。松花菜盖花球的工作目前只能依靠人力完成，因此人口老龄化是需要我们面对的一个问题。

其次是重茬病害。蒋家营村作为榆中县发展蔬菜最早的村庄之一，蔬菜种植已有 30 多年历程，松花菜种植也有 10 多年的时间。由于近几年松花菜的市场需求在不断扩大，菜农种植效益较好。因此当地农户一年多茬都是以松花菜种植为主，加之当地蔬菜垃圾处理不规范，土壤中、空气中甚至地下水中都富集有一定的致病微生物，一旦气候条件合适就会侵染松花菜植株，形成霜霉病、软腐病、黑腐病等。也有近些年一些未知原因导致的松花菜幼苗移栽大田后会根部或者颈部发黑腐烂死亡。还有像青梗松花菜，气候稍微不合适就容易在花球表面出现水渍状病斑，入库打冷后发不到市场就会腐烂发臭，给菜农和菜商都带来了不少的困扰。有些农户和菜商，为了避免损失，也只能无奈地选择品质稍微差一些但是抗病性较好或者更好的半青梗或者白梗松花菜品种种植和收购。

因此要解决以上问题还是需要依靠育种单位加快科研进度或者转移产区。

第一是应从育种角度筛选免盖或易盖花球的松花菜新品种,有了免盖或易盖花球新品种后就解决了松花菜种植的最耗费人工和最难管理的盖菜问题,松花菜生产人口老龄化和重茬病害影响的问题基本都可以快速得到解决。

第二是筛选抗病性好、商品性佳的优异新品种,让农户即使在重茬严重的田块也能成功种植出高品质的松花菜。

第三是政策扶持当地农田改良,增施有机肥,确保田间充足的有机质利于有益微生物的生存;加大假冒伪劣农资产品的排查以及对杀鸡取卵式的农机服务从业者的管理疏导;建立健全各蔬菜主产区产后垃圾的处理再利用体系。

七、河南省驻马店市平舆县万金店镇发展越冬松花菜效益高

万金店镇,隶属河南省驻马店市平舆县,地处平舆县东南部,东与双庙乡相连,南与新蔡县黄楼镇和西洋店镇相连,西与辛店乡接壤,北与清河、古槐、东皇街道交界,距平舆县城东南 11 千米,区域总面积 73.58 平方千米。万金店镇下辖 1 个社区、11 个建制村:万金店社区、张坡村、大郭村、厂庙村、黄庄村、余营村、余庄村、新周村、宋刘村、土店村、茨园村、王寨村,全镇人口数量 52668 人。万金店镇粮食作物以小麦、玉米为主,主要经济作物为白芝麻、大豆、蔬菜、油菜等。近年来,随着返乡创业浪潮的兴起,越来越多的返乡创业者选择流转土地种植一季玉米加一季越冬松花菜,越冬松花菜的种植为广大种植户带来经济效益日益显著。

万金店镇越冬松花菜种植从 2019 年开始试种,起初只有王寨村种植户种了不到 20 亩,到 2023 年已发展到周边的万冢镇、庙湾镇、崇礼镇等四个乡镇共 20 多个村种植,种植面积突破 12000 亩,亩产 2500 千克左右,折合平均单价 4 元/千克,扣除生产成本 3000 元/亩,净收益在 7000 元/亩,相比于种植小麦或者油菜等作物,每亩净收入提高 6000 元。

当地越冬松花菜主要种植品种有亚非白色恋人 80 天、雪峰 95 天、雪

峰 100 天等优良品种,具备抗性强、好盖叶、易管理等优势,大多采用 72 孔或 105 孔穴盘育苗方式,一般在 10 月下旬至 11 月下旬在双层膜冷棚或温室大棚内育苗,苗龄期 45～50 天,选择壮苗移栽,12 月中旬至翌年 1 月中旬定植在简易小拱棚内,起垄定植,垄面宽 90 厘米,沟宽 30 厘米,沟深 20 厘米,每垄种两行,双行"品"字形错位栽植,有利于通风透光,株行距建议按 55 厘米×60 厘米,每亩定植 1800～2000 株,小苗定植后每隔 1 米插一根 1.5 米长的棚架,然后用 3 丝厚度的薄膜覆盖、绷紧压实,注意棚膜不能接触到苗子,防止幼苗被冻伤。移栽前每亩施底肥,撒可富硫酸钾型复合肥 50 千克＋充分腐熟的有机肥料 1500 千克＋固体硼肥 1.5 千克,定植后 1 个月左右开始追缓苗肥,每亩施用尿素 20 千克,立春后当小拱棚内植株达到 12 片叶左右,外界最低温度高于 0℃时可以逐渐揭开薄膜,这时需要加强水肥管理,建议冲施一次提苗肥,每亩施用尿素 20 千克＋磷酸二氢钾 5 千克,3 月下旬至 4 月初温度上升,植株也已完全适应外界温度变化,当松花菜达到 17 片叶并铺满地块,即将现蕾时,再冲施一次硫酸钾型复合肥 20 千克,这时为了提升花球的品质和产量,建议喷施含硼、钙、钼等微量元素的叶面肥,并配合杀菌剂、杀虫剂一起使用。

越冬松花菜抗病性强,前期温度较低很少发生病虫害,揭膜后主要以虫害防治为主,主要包括小菜蛾、斜纹夜蛾、甜菜夜蛾等蛾类幼虫,建议使用 3％甲维盐微乳剂 1000 倍液或 3.2％的阿维菌素乳油或 35％的氯虫苯甲酰胺悬浮剂 1000 倍液叶面均匀喷雾,每 7～10 天喷 1 次,以上药剂交替使用,连续防治 2～3 次。

越冬松花菜现蕾期最易发生的细菌性病害有黑腐病和软腐病,建议未发病或发病初期,用 2％春雷霉素水剂 500 倍液,或 5％的大蒜素微乳剂 60～80 克/亩,或 3％的中生菌素可湿性粉剂 750～1000 倍液均匀喷雾,每 7～10 天喷 1 次,以上药剂交替使用,连续防治 2～3 次。针对霜霉病等真菌性病害,发病初期,建议用 687.5 克/升氟菌-霜霉威悬浮剂 600 倍液,或 25％吡唑嘧菌酯悬浮剂 1500～2000 倍液,或 75％百菌清可湿性粉剂 300～500 倍液每 7～10 天喷 1 次,以上药剂交替使用,连续防治 2～3 次。

目前,越冬模式松花菜种植逐渐被越来越多的种植户所青睐,为提早上市,更多的种植户采用大拱棚(6米、8米、12米)内套简易小拱棚的模式种植,采用这种模式种植松花菜,缓苗期缩短,抵抗倒春寒的能力更强,可以在3月初上市,比露地简易小拱棚提前1个月上市,净利润提高2000元/亩,需要注意及时通风透光,避免叶片过度旺长,现蕾期更多种植户采用套袋的盖球方式取代盖叶的方式,有助于提升花球的商品性并节省用工量,通过良种良法相结合,达到种植效益最大化。

八、四川省自贡市荣县鼎新镇松花菜快速发展

鼎新镇位于四川省自贡市荣县城东南部,距县城23千米。东邻贡井区龙潭镇,南界贡井区五宝镇,西连乐德镇,北接双石镇。行政区域面积52.8平方千米。全镇现辖鼎新、西堰、学堂、老当、红胜、顺利、李家、鲤鱼8个村和鼎新寺社区,有81个村(居)民小组。鼎新镇是川南最大的茄果类蔬菜种植基地。近年来,鼎新镇围绕蔬菜产业,"蔬"写新篇章,推动粮经复合型蔬菜产业纵深发展,成功打造"鼎新"牌蔬菜;同时,该镇优化产业布局,大力建设示范区,推动菜稻轮作省级现代农业园区建设,形成了"一园三区"产业发展布局。鼎新镇作为蔬菜大镇,蔬菜种植面积常年维持在5万亩左右(含复种),产量25万吨,产值约6亿元。其中,松花菜的种植面积1.5万亩,从其陆续上市以来,销售量达30多万千克。

鼎新镇松花菜种子的渠道,主要以当地蔬菜冷库收购商的种子代办批发为辅,以育苗场为主,再销售下放到农户。主要品种以当地鼎新有机花80、鼎新有机花100为主。当地冷库菜商主要收菜,不看重种子价格,育苗后可以免费给农户移栽,但是种出来的松花菜必须卖给当地指定的冷库,所以市场竞争很大,价高品种很难进入市场。但优良品种亚非白色恋人80、雪峰100,具备抗性强、纯度高、花球乳白、品质佳、好盖叶、易管理等优势,可种两季。秋季茬口一般在7月25日—8月15日育苗,11月中旬开始上市。春季茬口在10月20日—11月15日育苗,翌年3—4月上市。早的10月初就开始进行春季松花菜的育苗。大多采用72孔或105孔穴盘育苗方式,起垄开厢定植。秋季茬口整个生育期都处在高温环境中,植株生长较快,很容易早花。小苗定植,严格控制苗龄在30天以内,以提高定

植成活率。垄面种植 2 行,株距 55 厘米,行距 60 厘米,每亩定植 1800～2200 株;深沟高垄整地,垄面宽 90 厘米,沟宽 30 厘米,沟深 20 厘米。

定植宜选择在早、晚进行,起苗做到土不散坨、不伤根,随起随栽;定植后随即浇定根水,鼎新镇秋茬相对干旱,栽后 2～3 天需每天浇水,以利缓苗。底肥在翻耕土地后,全园撒施,以 45% 或 51% 三元复合肥为主,每亩50 千克。缓苗后每亩追施尿素 7 千克;莲座期每亩施用钾肥 10 千克、尿素 10 千克、硼砂 0.75 千克,随水追肥;在花芽分化期,即心叶交心时,再重施追肥,现蕾前按每 3 株进行穴施,每亩用三元复合肥 20～30 千克;花球膨大期再追肥 1 次,每亩施尿素 20 千克。适时喷施叶面肥和植物生长调节剂,现蕾后用 0.05%～0.1% 硼砂液、0.1% 钼肥加 0.2% 磷酸二氢钾液喷施 1～2 次,可使花球膨大、洁白。

花球在发育过程中受阳光直射,会变成淡黄色;由于光照引起高温,有时花球中会长出小叶或变成毛花,品质下降。所以当小花球(拳头大时)形成时,把靠近花球的老叶主脉折断,使叶片盖住花球,以保证花球洁白,当盖叶枯黄后应换叶。

主要病害有黑腐病、软腐病和菌核病。黑腐病和软腐病是细菌性病害,防治时注意开沟排水,防止田间积水,要求科学轮作,发病初期用 72% 农用链霉素 3000 倍液,或 80% 必备 500 倍液,或 47% 加瑞农 600～800 倍液,或 3% 克菌康 800～1000 倍液喷雾。菌核病可用 40% 菌核净 2000 倍液,或 50% 扑海因 1000 倍液,或 50% 速克灵 1000 倍液喷雾。霜霉病可用 64% 杀毒矾 500 倍液,或 72% 杜邦克露 700 倍液,或 40% 乙膦铝 300 倍液,或 69% 安克锰锌 600 倍液,或 25% 瑞毒霉 1000 倍液,或 58% 金雷多米尔-锰锌 600 倍液,或 72% 霜疫立克 700 倍液喷雾。

主要害虫有小菜蛾、斜纹夜蛾、菜青虫、菜螟、蚜虫和黄条跳甲等。小菜蛾、斜纹夜蛾、菜青虫和菜螟等鳞翅目害虫可选用 5% 锐劲特 1500 倍液,或 1.8% 虫螨光 3000 倍液,或 5% 抑太保 1500 倍液,或 48% 乐斯本 1000 倍液,或 10% 除尽 1500 倍液,或 40% 虫不乐 1000 倍液等喷雾。蚜虫可用 10% 一遍净 2000 倍液,或者 20% 康福多 4000 倍液,或 20% 好年冬 1000 倍液,或 3% 莫比郎 1500 倍液喷雾。黄条跳甲可用 52.5% 农地乐 1500 倍液,或 48％乐斯本 1000 倍液,或 40％超乐 1000 倍液喷雾。

目前松花菜逐渐被越来越多的种植户所青睐,加上当地政府的支持,目前已建有多家现代化育苗基地以及多家大型的冷藏保鲜库,集分拣、销售、冷藏、物流于一体的蔬菜产业链。可一次性冷藏保鲜蔬菜 500 吨以上,可一次性集散蔬菜 1000 吨以上。采收的标准是 80 多天的松花菜一般在1～1.5 千克/棵为宜,100 天以上的花菜在 1.5～2 千克/棵为宜,基本都是种植户能轻松达到的产量。大量产出的新鲜松花菜,不仅满足了本地市场的需求,而且还大量销往其他地区,如北京、山东、江苏、湖北及东北等地,促进了当地经济的繁荣,推动了松花菜产业可持续发展。

九、云南省石屏县哨冲镇结球甘蓝种植经济效益显著

哨冲镇位于云南省红河哈尼族彝族自治州石屏县的北部山区,距离县城 71 千米,东邻龙朋镇,南接新街乡、大乔乡,西连龙武镇,北接玉溪市的峨山、通海县,土地面积 255.5 平方千米,辖 8 个村委会 54 个自然村 73 个村民小组,耕地面积 71023 亩,平均海拔 1900 米,最高海拔 2544 米,最低海拔 1400 米,年平均气温 15～16℃,年降水量 800～1000 毫米,主要经济作物有烤烟、白萝卜、结球甘蓝,人口数量 1.9 万人,哨冲镇的结球甘蓝种植面积是受到通海蔬菜生产的影响而发展起来的,近几年结球甘蓝种植面积得到了快速的发展。每亩地每年可以种植 2～3 茬。从 2009 年开始从2000 亩左右快速增长到 2023 年的 2.9 万亩,亩产量 4～6 吨,每亩产值6000～7000 元,扣除生产成本 2000 元,纯收益 4000～5000 元。

结球甘蓝的种植品种有当地被称为"小铁头"的夏秋冷凉型品种以及先甘 097、地中海、中兴天宝、时代骄子等。主要从通海调拨苗子或者农户自己育苗,一般 4—8 月育种,6—11 月收获,主要销往我国广东、福建等省及东南亚等地。大部分为坡地露地种植,受到环境条件的限制,坡地种植水资源缺乏,以自然降水灌溉,耕整定植,垄宽 120 厘米,行距 40～45 厘米、株距 35～40 厘米,每亩密度 3500～4500 株。底肥:土地深耕细耙,结合整地每亩地施腐熟有机肥 3000～4000 千克,氮磷钾复合肥或者过磷酸钙 25～50 千克,深耕入土,耙平。追肥次数 1～2 次,肥料种类有芭田、施

可丰、云天化，住商、史丹利等，第一次追肥在定植后植株长到 10 片真叶左右，每亩施用尿素 20～25 千克，球茎膨大中期和后期分别施用尿素 20 千克，或者施用复合肥 20 千克，有灌溉条件的随水施肥，没有灌溉条件的挖穴施肥。

1. 病虫害防治

（1）霜霉病防治。①种子处理，可用霜霉威盐酸盐或烯酰吗啉浸种，也可用甲霜灵·锰锌可湿性粉剂或甲霜灵可湿性粉剂、恶霜灵·代森锰锌拌种；②发病初期用烯酰·丙森锌、甲霜·霜霉威、丙森·霜脲氰、恶酮·霜脲氰等药剂；③发病普遍的用霜霉威盐酸盐·氟吡菌胺、烯酰吗啉＋百菌清、吡唑醚菌酯、烯肟菌酯＋百菌清、丙森·异丙菌胺等药剂。

（2）软腐病防治。①种子处理，播种前用中生菌素拌种；②发病初期用氧化亚铜、氢氧化铜、代森铵、松脂酸铜、络氨铜、叶枯唑、噻菌铜等；③发病普遍的用噻唑锌、水合霉素等。

（3）黑腐病防治措施。①种子处理，播种前，可用琥珀肥酸铜、络氨铜、代森铵浸种；②发病用药水合霉素、春雷霉素、中生菌素、叶枯唑、噻唑锌、三氯异氰尿酸、春·氧氯化铜等药剂。

（4）黑斑病防治。①种子处理，用异菌脲、腐霉利拌种；②发病时恶霜·锰锌、福·异菌、丙森·多菌、苯醚甲环唑＋百菌清、春雷霉素·氧氯化铜、琥胶肥酸铜＋代森铵、苯菌灵＋代森联、溴菌腈＋恶酮·锰锌等药剂。

（5）黑胫病防治。恶霉·福、恶霉·福美双、嘧啶核苷类抗生素、地衣芽孢杆菌、丙烯酸·恶霉·甲霜、多·福·福锌、福·甲·硫黄等药剂。

2. 常见虫害的防治

（1）菜青虫防治。选用高效氯氰菊酯、高效氯氟氰菊酯、阿维菌素、氟啶脲、苏云金杆菌、苦参碱等药剂。

（2）小菜蛾防治。选用甲氨基阿维菌素苯甲酸盐、氰虫·啶虫脒、茚虫威、甲维·甲虫肼、阿维菌素等药剂。

（3）夜蛾防治。选用甲氨基阿维菌素苯甲酸盐、氰虫·啶虫脒、茚虫威、甲维·甲虫肼、阿维菌素等药剂。

（4）黄条跳甲防治。①及时清理残体落叶及杂草，集中烧毁，及时中耕，还表土干燥，减少卵孵化；②药物防治，联苯·噻虫嗪、联苯·噻虫胺、呋虫胺、啶虫脒、鱼藤酮、虫腈·哒螨灵等药剂。

（5）蚜虫防治。①利用黄板诱杀；②保护和利用田间蚜虫的天敌；③选用吡蚜酮、啶虫脒、噻虫嗪、高氯·吡虫啉、高效氯氰菊酯等药剂。

农业基础设施是产业发展的前提保障，只有基础设施配套到位，产业发展才有前景。在县委、县政府及相关职能部门的关心下，哨冲镇连续3年在哨冲、落水洞、邑堵、撒妈鲊以及竜黑山等地实施高标准农田建设项目，累计总投资3960万元，共建设高标准农田3.1万亩，水电路"三通"率逐年提高。通过建强基础设施，有效促进农业发展规模化、现代化、标准化，走上蔬菜高质量发展的道路。

附　　录

附录1　松花菜生产技术规程

1　范围

本文件规定了松花菜生产的产地环境、品种选择、播种育苗、整地施肥、大田定植、田间管理、病虫防治、采收贮藏、生产档案的要求。

本文件适用于平原、丘陵、低山地区松花菜生产。

2　规范性引用文件

下列文件中的内容通过文中的规范性引用而构成本文件必不可少的条款。其中，注日期的引用文件，仅该日期对应的版本适用于本文件；不注日期的引用文件，其最新版本（包括所有的修改单）适用于本文件。

GB/T 8321（所有部分）　农药合理使用准则

GB/T 15063　复合肥料

GB16715.4　瓜菜作物种子　第4部分：甘蓝类

HG/T 4365　水溶性肥料

NY/T 391　绿色食品　产地环境质量

NY/T 393　绿色食品　农药使用准则

NY/T 394　绿色食品　肥料使用准则

NY/T 525　有机肥料

NY/T 746　绿色食品　甘蓝类蔬菜

NY/T 1056　绿色食品　储藏运输准则

3　术语和定义

下列术语和定义适用于本文件。

3.1　松花菜

属于十字花科（Cruciferae）芸薹属（*Brassica*）甘蓝种的变种，蕾枝较长、花层较薄、花球充分膨大时形态不紧实,相对于普通花菜呈松散状的一种花椰菜类型。

4　产地环境

符合 NY/T 391 的要求。

5　品种选择

根据生产季节,宜选用适应性广、抗逆性强、品质优的品种。种子质量应符合 GB16715.4 的要求。

5.1　露地栽培

一般是秋季生产和越冬生产,秋季生产,宜于 6 月下旬—8 月上旬育苗,宜选用定植后 55～120d 上市的品种;越冬生产,宜于 8 月中旬—9 月中旬育苗,宜选用定植后 130～150d 上市的特晚熟耐低温的品种。

5.2　设施栽培

5.2.1　大棚生产

宜在 8 月中旬—10 月中旬播种育苗,宜选用定植后 90～120d 上市的品种。

5.2.2　地膜覆盖生产

一般是春季生产,10 月中旬—11 月下旬播种育苗,宜选用定植后 80～110d 上市的耐春化的品种;12 月—翌年 3 月初育苗,宜选用定植后 65～80d 上市较耐热的品种。

6　播种育苗

6.1　播前准备

6.1.1　苗床

宜选择地势较高、排水灌溉方便的大棚地块,在大棚内按 2m 宽开沟定厢(沟宽 20～25cm),沟深 15～20cm,厢面整平压实后,铺设 2m 宽的黑色防草布。

6.1.2　备盘

根据育苗需求,宜选用 105 孔或 72 孔的聚乙烯塑料穴盘。旧穴盘需要用 50% 的多菌灵 500 倍溶液浸泡 30min,清洗干净晾干。

6.1.3 基质

宜用蔬菜育苗基质,每667m² 备200～250L,加入50%的多菌灵可湿性粉剂80～100g,加水适量拌湿基质,覆盖农膜,杀菌消毒24h后待用。

6.2 播种

6.2.1 种子处理

播种前晒种1～2d,用精甲·咯菌腈(25克/升咯菌腈＋37.5克/升精甲霜灵)悬浮种子剂30～50倍液包衣后晾干待播。包衣或丸粒化的种子可直接播种。

6.2.2 基质装盘

装盘前将基质预湿,标准是"手握成团、落地即散"的状态,均匀装入穴盘,用刮板刮去多余的基质,使穴盘孔格清晰可见。

6.2.3 压穴

用相应的打孔器在装有基质的穴盘中央打孔,深度0.5～1cm。

6.2.4 播种

人工或机械播种,将种子点播至穴盘的每个播种穴,每穴播1粒种子。

6.2.5 覆盖

将蛭石、珍珠岩或混配基质覆盖到播种后的穴盘上,用刮板刮去多余的基质,使穴盘孔格清晰可见,浇透水至穴盘底部排水孔有水滴渗出。

6.3 苗床管理

6.3.1 温度

设施内温度宜保持在15～28℃。夏季育苗温度高时宜及时通风,必要时可用加盖遮阳网、喷水等方式降温。冬季或春季育苗温度低时宜采用增温措施。

6.3.2 湿度

设施内湿度宜维持在60%～80%。湿度大时可通过通风、开风机(连栋大棚)等方式降低湿度,湿度低时可通过在地面洒水或者用弥雾装置等增加空气湿度。

6.3.3 光照

幼苗拱土期和子叶平展期,光照很强时可覆盖遮阳网适度遮光。真叶生长期,夏季中午光照强时适当遮光。

6.3.4　追肥浇水

幼苗拱土期,基质保持湿润。浇水时间午前为主,保持见干见湿。幼苗第一片真叶展开至定植前,宜选用水溶性肥浇施,浓度 0.2%,7～10d 浇施一次,浇施完成后采用淋浴式喷头用清水冲去叶面肥水。水溶肥应符合 HG/T 4365 规定。

7　整地施肥

按 110～120cm 宽开沟起垄,垄高 20～25cm,结合整地每 667m² 施有机肥 400～600kg,复合肥 30～50kg(肥料符合 GB/T 15063),硼肥 0.75～1.0kg 和锌肥 0.25～0.5kg。肥料使用应用符合 NY/T－525 规定。

8　定植

8.1　定植方法

幼苗 4 叶 1 心时,采取人工开穴或机械定植。定植后当天浇足定根水。

8.2　定植密度

每垄定植 2 行,垄上行距 45～50cm,株距依据品种类型设置 45～55cm,每 667m² 定植 2200～2500 株。

9　田间管理

9.1　水分

缓苗后遇到干旱及时浇水,保持田间最大持水量 60%～70%,遇暴雨及时排涝。

9.2　肥料

9.2.1　发棵期

定植后 15～20d,结合浇水每 667m² 冲施 1 次高氮水溶肥(N-P-K 为 30-10-10＋TE)3～5kg。

9.2.2　莲座期

结合浇水每 667m² 冲施 1 次高氮水溶肥(N-P-K 为 30-10-10＋TE)6～10kg。

9.2.3　现球期

当开始现球,每 667m² 冲施高钾水溶肥(N-P-K 为 18-5-35＋TE)6～

10kg，间隔 7～10d 连施 1～2 次。

9.3 盖花球

花球长到直径 10～15cm 时将植株上最大的 3～4 片大叶盖住花球。

10 病虫防治

10.1 常见病虫

主要病害：猝倒病、立枯病、黑胫病、霜霉病、黑腐病、软腐病等。

主要害虫：黄曲条跳甲、小菜蛾、甜菜夜蛾、斜纹夜蛾、菜粉蝶等。

10.2 防治原则

预防为主、综合防治。

10.3 防治方法

10.3.1 农业防治

选择抗（耐）病品种，与非十字花科作物 2～3 年轮作一次，培育壮苗。

10.3.2 物理防治

每 667m² 选用 20cm×40cm 诱虫板 20～25 张；每 30000m² 安装杀虫灯 1 盏；性诱剂防治，每 667m² 安装 3～4 个诱芯。

10.3.3 生物防治

使用苏云金杆菌（Bt）、枯草芽孢杆菌等生物农药防治。

10.3.4 化学防治

现球前根据 NY/T393 A 级防控标准，选择合适药剂，遵守安全间隔期，使用过程符合 GB/T 8321，详见附录 A。

11 采收贮藏

11.1 采收

当花球充分膨大，球面平整时，可根据需求及时采收，采收时宜保留 2～3 片外叶。产品质量符合 NY/T 746。

11.2 预冷

及时做好预冷，可采取自然气温下预冷。将待贮产品及时置于阴凉通风处，白天遮阴、夜间敞开，使大量的田间热和呼吸热尽快散发。如有冷库可先将库温渐降至 4～5℃。

11.3　贮藏

西蓝薹的适宜贮藏条件要求温度 0～5℃，湿度 90%～95%。储藏标准符合 NY/T 1056，储藏时间不超过 15d。

12　生产档案

建立生产档案，对品种播期、肥料施用、病虫防治、采收以及其他田间操作管理措施进行记载，档案资料应有专人管理，档案保存期不少于 3 年。见附录 B。

13　标准实施信息及意见反馈表

相关示例见附录 C。

附录 A

（资料性）

松花菜生产主要病虫及防治方法

序号	主要病虫	选用农药及使用剂量
1	猝倒病	主要危害幼苗茎基部,注意控制苗床湿度,可用 70%代森锰锌干悬粉剂拌种。在发病前至发病初期,用 25%吡唑醚菌酯乳油 3000～4000 倍液＋70%代森锰锌可湿性粉剂 600～800 倍液均匀喷雾,视病情间隔 5～7d 喷 1 次
2	立枯病	主要危害幼苗的子叶和茎,发病前至发病初期,用 70%恶霉灵可湿性粉剂 2000 倍液＋68.75%恶酮·锰锌(6.25%恶唑菌酮＋62.5%代森锰锌)水分散粒剂 800 倍液均匀喷雾
3	黑胫病	发病初期可用 70%甲基硫菌灵可湿性粉剂 800～1000 倍液＋50%腐霉利可湿性粉剂 1000～1200 倍灌根,7～10d 一次
4	霜霉病	未发病或发病前期,用 687.5g/L 霜霉威盐酸盐·氟吡菌胺悬浮剂 800～1200 倍液;250g/L 吡唑醚菌酯乳油 1500～3000 倍液;均匀喷雾
5	黑腐病	重茬地或连续阴雨天容易发病,建议未发病或发病前期,用 20%的噻唑锌悬浮剂 600～1000 倍液或 3%的中生菌素可湿性粉剂 1000 倍液均匀喷雾
6	软腐病	注意排除田间积水以及地下害虫防治。发病前期至发病期,用 77%氢氧化铜可湿性粉剂 800～1000 倍液;20%噻唑锌悬浮剂 600～800 倍液均匀喷雾
7	黄曲条跳甲	跳记(20%的啶虫脒可湿性粉剂)1500 倍液或 5%的呋虫胺 1000 倍液叶面均匀喷施
8	小菜蛾、甜菜夜蛾、斜纹夜蛾、菜粉蝶	3%甲维盐微乳剂 750 倍液或 60g/L 的乙基多杀菌素悬乳剂 1000 倍液或 35%的氯虫苯甲酰胺悬浮剂 1000 倍液＋25g/L 的溴氰菊酯乳油 1000 倍液叶面均匀喷施

附录 B

（资料性）

松花菜日常管理记录表

地块编号：		种植品类及品种：			种植品类及品种：	
日期	主要工作内容				地块负责人：	
	浇水（滴灌/漫灌/喷灌）	施肥（肥料名称、用量及施肥方式）	除草（人工/除草剂）	喷药（药品全称及用量）	实施人	备注

附录 C

（资料性）

湖北省地方标准实施信息及意见反馈表

标准名称及编号					
总体评价	适用性	该标准与当前所在地的产业或社会发展水平是否相匹配？		□是	□否
	协调性	该标准的特色要求与其他强制性标准的主要技术指标、相关法律法规、部门规章或产业政策是否协调？		□是	□否
	执行情况	标准执行单位或人员是否按照标准要求组织开展相关工作？		□是	□否
实施信息	标准实施过程中是否存在阻力和障碍？			□是	□否
	实施过程中存在的主要问题				
修改意见	总体意见	□适用　　□修改　　□废止			
	具体修改意见	需修改章节： 具体修改意见：			
反馈渠道	□标准化行政主管部门 □省直行业主管部门 □专业标准化技术委员会(工作组) □标准起草组(牵头起草单位)				
反馈人	姓名：　　　　　单位：　　　　　　　　联系方式：				

附录2 结球甘蓝生产技术规程

1 范围

本文件规定了结球甘蓝生产的产地环境、品种选择、播种育苗、整地施肥、大田定植、田间管理、病虫防治、采收贮藏、生产档案的要求。

本文件适用于平原、丘陵、低山地区结球甘蓝生产。

2 规范性引用文件

下列文件中的内容通过文中的规范性引用而构成本文件必不可少的条款。其中,注日期的引用文件,仅该日期对应的版本适用于本文件;不注日期的引用文件,其最新版本(包括所有的修改单)适用于本文件。

GB/T 8321(所有部分) 农药合理使用准则

GB/T 15063 复合肥料

GB16715.4 瓜菜作物种子 第4部分:甘蓝类

GB/T 23416.4 蔬菜病虫害安全防治技术规范 第4部分:甘蓝类

GB/T33129 新鲜水果、蔬菜包装和冷链运输通用操作规程

HG/T 4365 水溶性肥料

NY/T 391 绿色食品 产地环境质量

NY/T 393 绿色食品 农药使用准则

NY/T 394 绿色食品 肥料使用准则

NY/T 525 有机肥料

NY/T 746 绿色食品 甘蓝类蔬菜

NY/T 1056 绿色食品 储藏运输准则

3 术语和定义

本文件没有需要界定的术语和定义。

4 产地环境

符合 NY/T 391 的要求。

5 品种选择

根据生产季节,宜选用适应性广、抗逆性强、品质优的品种。种子质量应符合 GB16715.4 的要求。

5.1 露地栽培

秋季播种宜在 7 月中旬至 8 月下旬,宜选用定植后 55～70d 上市品种;冬季播种宜在 8 月中旬至 9 月上旬,宜选用定植后 65～100d 上市品种。

5.2 设施栽培

宜在 12 月中旬—1 月中旬播种育苗,宜选用生育期 50～60d 的品种。

5.3 地膜覆盖栽培

早春茬口宜在 10 月中旬—11 月下旬播种育苗,宜选用生育期 120～150d 的品种。春季茬口宜在 1—2 月中旬育苗,宜选用 50～70d 的品种。

6 播种育苗

6.1 播前准备

6.1.1 苗床

宜选择地势较高、排水灌溉方便的大棚地块,在大棚内按 2m 开沟定厢、含沟 20cm,沟深 20cm,厢面整平压实后,铺设 2m 宽的黑色防草布。

6.1.2 备盘

根据育苗需求,宜选用 105 孔或 72 孔的聚乙烯塑料穴盘。旧穴盘需要用 50％的多菌灵 500 倍溶液浸泡 30min,清洗干净晾干。

6.1.3 基质

宜选用商品育苗基质,每 667m² 备 200～250L。每 1m³ 基质需加入 50％的多菌灵可湿性粉剂 400g,拌湿基质,覆盖农膜,杀菌消毒 24h 后待用。

6.2 播种

6.2.1 种子处理

包衣或丸粒化的种子可直接播种;未经包衣或丸粒化的种子,播种前在阳光下晾晒 6～8h,用 25g/L 咯菌腈和精甲霜灵 37.5g/L 的悬乳种子剂 30～50 倍液包衣后晾干待播。

6.2.2　基质装盘

装盘前将基质预湿,标准是"手握成团、触之即散"的状态,均匀装入穴盘,用刮板刮去多余的基质,使穴盘孔格清晰可见。

6.2.3　压穴

用相应的打孔器在装有基质的穴盘中央打孔,深度 0.5～1cm。

6.2.4　播种

人工或机械的方式将种子点播至穴盘的每个播种穴,每穴播 1 粒种子,可以选用简易的播种装置。

6.2.5　覆土

将蛭石、珍珠岩或混配基质覆盖到播种后的穴盘上,用刮板刮去多余的基质,使穴盘孔格清晰可见,浇透水至穴盘底部排水孔有水滴渗出。

6.3　苗床管理

6.3.1　温度

设施内温度宜保持在 15～28℃,不超过 33℃,不低于 10℃。夏季育苗温度过高时要及时通风,必要时可用遮阳网、喷水等方式降温。冬季或春季育苗温度过低时要采用增温措施适当提高温度。

6.3.2　湿度

设施内湿度不宜过高,维持在 60％～80％之间。湿度过大时可通过通风、开风机等方式降低湿度,湿度过低时可通过在地面洒水或者用弥雾装置等增加空气湿度。

6.3.3　光照

种子发芽拱土期和子叶平展期,光照很强时可覆盖遮阳网适度遮光。真叶生长期尽可能增加光照。

6.3.4　肥水

发芽期,基质要保持湿润,不宜过干。浇水时间午前为主,保持见干见湿,阴雨天不宜浇水。幼苗第一片真叶展开至定植前,宜选用水溶性肥浇施,浓度 0.2％,间隔 7～10d 浇施一次,浇施完成后采用淋浴式喷头用清水冲去叶面肥水。水溶肥应符合 HG/T 4365 规定。

7　整地施肥

按 110～120cm 宽开沟起垄,垄高 20～25cm,结合整地每 667m² 施有机肥 300～500kg,复合肥 20～30kg,硼肥 0.75～1.0kg 和锌肥 0.25～0.5kg。肥料使用符合 NY/T－525 规定。

8　大田定植

8.1　定植方法

选择阴天或晴天傍晚,定距、开穴、大小苗分级移栽。

8.2　定植密度

垄上双行定植,行距 40～50cm,株距依据品种类型,设置 35～45cm,一般早熟种 35cm×45cm,中熟品种 40cm×50cm,晚熟的 50cm×60cm,每 667m² 定植 2400～3800 株。定植后当天浇足定根水。

9　田间管理

9.1　水分管理

缓苗后遇到干旱及时浇水,保持田间最大持水量 60％～70％,遇暴雨及时排涝。

9.2　肥料管理

9.2.1　发棵期

定植后 15～20d,结合浇水每 667m² 施复合肥 3～5kg。

9.2.2　莲座期和结球期

结合浇水每 667m² 追施复合肥 6～10kg。

10　病虫防治

10.1　常见病虫

主要病害:立枯病、猝倒病、茎基腐病、霜霉病、黑腐病、软腐病、菌核病等。

主要害虫:地老虎、黄曲条跳甲、小菜蛾、甜菜夜蛾、斜纹夜蛾、菜青虫等。

10.2　防治原则

预防为主、综合防治。

10.3　防治方法

10.3.1　农业防治。选择抗(耐)病品种,与非十字花科作物轮作,培育壮苗。

10.3.2　物理防治。每 667m² 选用 20cm×40cm 诱虫板 20~25 张；每 3hm² 安装杀虫灯 1 盏；性诱剂防治，每 667m² 安装 3~4 个诱芯。

10.3.3　生物防治。使用 Bt(苏云金杆菌)、枯草芽孢杆菌等生物农药防治。

10.3.4　化学防治。现球前按 NY/T393 要求，选择合适药剂，遵守安全间隔期，详见附录 A。

11　采收及贮藏运输

11.1　采收

在叶球大小定型，紧实度达到八成时即可根据市场需求陆续采收上市。判断叶球是否包紧，可用手指在叶球顶部压一下，如有坚硬紧实感，表明叶球已包紧，可以采收。产品质量要符合 NY/T 746 标准。

11.2　贮藏运输

冷藏库储藏时，控制温度 0~1℃，空气相对湿度 90%~95%，保持气流均匀流通。短途运输置于阴凉处，长途冷链运输的，应在冷库中预冷。储藏运输应符合 GB/T33129、NY/T1056 的规定。

12　生产档案

建立生产档案，对品种播期、肥料施用、病虫防治、采收以及其他田间操作管理措施进行记载，档案资料应有专人管理，档案保存期不少于 3 年。见附录 B。

附录 A

（资料性）

结球甘蓝生产主要病虫及防治方法

表 A 所示结球甘蓝主要病虫的防治方法。

表 A 结球甘蓝生产主要病虫及防治方法

序号	主要病虫	选用农药及使用剂量
1	霜霉病	未发病或发病前期，用杀毒矾(8％的噁霜灵和56％的代森猛锌复配的可湿性粉剂)500倍液均匀喷雾
2	黑腐病	重茬地或连续阴雨天容易发病，建议未发病或发病前期，用20％的噻唑锌悬浮剂600～1000倍液或3％的中生菌素可湿性粉剂1000倍液均匀喷雾
3	黑斑病	主要感染中下部叶片，形成穿孔破洞。用80％代森锰锌可湿性粉剂500倍液或25％吡唑醚菌酯1500倍液均匀喷雾
4	软腐病	注意排除田间积水以及地下害虫防治。发病前期至发病期，用36％春雷·喹啉铜(3％春雷霉素＋33％喹啉铜)悬浮剂500～1000倍液，20％的噻唑锌悬浮剂600～1000倍液每7～10d喷1次，以上药剂交替使用，连续防治2～3次
5	立枯病	主要危害幼苗的子叶和茎，发病前至发病初期，用70％恶霉灵可湿性粉剂2000倍液＋68.75％恶酮·锰锌(6.25％恶唑菌酮＋62.5％代森锰锌)水分散粒剂800倍液均匀喷雾
6	猝倒病	主要危害幼苗茎基部，注意控制苗床湿度，可用70％代森锰锌干悬粉剂拌种。在发病前至发病初期，用25％吡唑醚菌酯乳油3000～4000倍液＋70％代森锰锌可湿性粉剂600～800倍液均匀喷雾，视病情间隔5～7天喷1次
7	茎基腐病	发病初期可用70％甲基硫菌灵可湿性粉剂800～1000倍液＋50％腐霉利可湿性粉剂1000～1200倍灌根，7～10天一次
8	黄曲条跳甲	跳记(20％的啶虫脒可湿性粉剂)1500倍液或5％的呋虫胺1000倍液叶面均匀喷施
9	地老虎	采用50％辛硫磷乳油拌土100倍，每亩用毒土20～25kg，定植前撒在垄面上
10	小菜蛾、甜菜夜蛾、斜纹夜蛾、菜青虫	3％甲维盐微乳剂750倍液或60g/L的乙基多杀菌素悬乳剂1000倍液或35％的氯虫苯甲酰胺悬浮剂1000倍液＋25g/L的溴氰菊酯乳油1000倍液或溴虫氟苯双酰胺1500倍叶面均匀喷施

附录 B

（资料性）

结球甘蓝日常管理记录表

表 B 所示结球甘蓝日常管理记录表。

表 B　结球甘蓝日常管理记录表

地块编号：	种植品种：				播种及定植日期：	
日期	主要工作内容				地块负责人：	
	浇水（滴灌/漫灌/喷灌）	施肥（肥料名称、用量及施肥方式）	除草（人工/除草剂）	喷药（药品全称及用量）	实施人	备注

参 考 文 献

［1］方智远.中国蔬菜育种学［M］.北京：中国农业出版社，2017.

［2］汪李平.现代蔬菜栽培学［M］.北京：化学工业出版社，2022.

［3］王迪轩.现代蔬菜栽培技术手册［M］.北京：化学工业出版社，2018.

［4］胡繁荣.蔬菜生产技术：南方本［M］.北京：中国农业出版社，2012.

［5］陈德胜，王国才，陈海.蔬菜生产技术［M］.北京：北京联合出版社，2015.

［6］金明弟，路风琴，李惠明.蔬菜职业农民技术指南［M］.上海：上海科学技术出版社，2018.

［7］王迪轩.花椰菜、青花菜优质高产问答［M］.北京：化学工业出版社，2011.

［8］姚芳.花椰菜周年生产技术［M］.北京：金盾出版社，2013.

［9］张彦萍，刘海河.花椰菜、绿菜花高产栽培关键技术问答［M］.北京：化学工业出版社，2020.

［10］中华农业科教基金会.农业物种及文化传承［M］.北京：中国农业大学出版社，2016.

［11］张平真.中国的蔬菜：名称考释与文化百科［M］.北京：北京联合出版公司，2022.

［12］国家统计局农村社会经济调查司.中国农村统计年鉴［M］.北京：中国统计出版社，2023.

［13］宋志伟，杨首禾.无公害露地蔬菜配方施肥技术［M］.北京：化学工业出版社，2016.

［14］郭跃升，郑东峰.菜地现代施肥技术［M］.北京：化学工业出版社，2017.

［15］贺亚菲，李占省，高广金.特色蔬菜青花菜、西蓝薹和皱叶菜绿色生产技术［M］.武汉：湖北科学技术出版社，2022.

［16］鲁传涛，杨共强，李洪连，等.蔬菜病虫害诊断与防治彩色图解［M］.北京：中国农业科学技术出版社，2021.